Fernanda Alicia Dávila Parra
Francisco Javier Almendariz Tapia
María Concepción De la Cruz Leyva

Biorremediación de sedimentos contaminados con metales pesados

Fernanda Alicia Dávila Parra
Francisco Javier Almendariz Tapia
María Concepción De la Cruz Leyva

Biorremediación de sedimentos contaminados con metales pesados

Remediación de suelos utilizando microorganismos autóctonos

Editorial Académica Española

Publisher:
Editorial Académica Española
is a trademark of
International Book Market Service Ltd., member of OmniScriptum Publishing Group
17 Meldrum Street, Beau Bassin 71504, Mauritius

Printed at: see last page
ISBN: 978-620-0-39993-9

BIORREMEDIACIÓN DE SEDIMENTOS CONTAMINADOS CON METALES PESADOS

Remediación de sedimentos utilizando microorganismos autóctonos

PRESENTA:

FERNANDA ALICIA DÁVILA PARRA

ONOFRE MONGE AMAYA

RESUMEN

Existen diversos factores que pueden provocar la contaminación de suelos por metales pesados, entre ellos se encuentran la industria petroquímica, el uso de agroquímicos y la actividad minera, por mencionar algunos. Sin embargo, existen algunos métodos que pueden ser utilizados para ayudar a la descontaminación del suelo, y dentro de éstos se encuentran los fisicoquímicos y los biológicos. Uno de los métodos biológicos a los que hay que prestarle especial atención es al proceso de biorremediación, ya que este hace uso de microorganismos para ayudar a la transformación de los contaminantes presentes en el suelo por medio de procesos microbianos, como es la biosorción; que contribuye a la descontaminación del suelo y consiste en la captación de iones metálicos por medio de biomasa viva o muerta a través de mecanismos como la adsorción y el intercambio iónico. En el presente trabajo de investigación se estudió el proceso de biosorción utilizando biomasa de *Saccharomyces cerevisiae* como biosorbente para la remoción de manganeso y zinc, cuyas concentraciones estaban presentes en los sedimentos. Se estudió la cinética y capacidad de biosorción en sistema en lote a un pH de 5-6, 30 °C y 150 rpm. Para la cinética de biosorción se estudió el modelo cinético de pseudo-segundo orden, donde se obtuvo una constante cinética de 0.0442 y 0.0171 g/mgmin para 1 g y 5 g de sedimento, respectivamente; para evaluar la capacidad de biosorción se estudiaron los modelos de Langmuir y Freundlich, y los datos experimentales de manganeso mostraron un mejor ajuste al modelo de Freundlich ($n = 0.5$, $R^2 = 0.85$), por otro lado, para los datos experimentales de zinc se obtuvo un ajuste favorable para ambos modelos de biosorción, donde para Langmuir se obtuvo una capacidad de biosorción máxima (q_m) de 70.79 mg/g y para Freundlich se obtuvo un valor de $n = 1.32$, indicando una isoterma favorable para el sistema estudiado. También se evaluó la remoción de ambos metales con biomasa de *Saccharomyces cerevisiae* en sistema en semicontinuo (25-30 °C, pH 5-6), donde se utilizó una columna empacada con sedimento en la cual se alimentó biomasa como biosorbente; en el análisis de remoción de metales se obtuvieron porcentajes de 34.05% para manganeso y 14.01% para zinc, los cuales podrían atribuirse a las condiciones a las cuales se llevó a cabo el proceso, así como también a la tolerancia de *Sacharomyces cerevisiae* a estos metales. Este mismo sistema, biomasa-metal-sedimento, se caracterizó por medio de Microscopia Electrónica de Barrido (MEB), lo cual comprobaron la presencia de microorganismos; así como también con técnicas moleculares, las cuales ayudaron a la identificación de los microorganismos presentes en el sedimento antes y después de llevar a cabo el proceso de biosorción. En este estudio se pudieron determinar las condiciones para que el sistema biosorbente-especie metálica arrojara resultados que comprueban que el uso de microorganismos autóctonos es una alternativa que contribuye a la mejora del medio ambiente del suelo en este caso; también se pudo contribuir de manera científica sobre técnicas de biología molecular para conocer la diversidad microbiana que predomina en este ambiente antes y después de llevar a cabo el proceso de biosorción.

ABSTRACT

There are several factors that can cause the contamination of soils by heavy metals, among them are the petrochemical industry, the use of agrochemicals and mining activity, to name a few. However, there are some methods that can be used to help soil decontamination, and within these are physicochemical and biological. One of the biological methods that should be given special attention is the bioremediation process, since it makes use of microorganisms to help the transformation of the contaminants present in the soil through microbial processes, such as biosorption; which contributes to the decontamination of the soil and consists of the capture of metal ions by means of live or dead biomass through mechanisms such as adsorption and ion exchange. In this research work, the biosorption process was studied using *Saccharomyces cerevisiae* biomass as a biosorbent for the removal of manganese and zinc, whose concentrations were present in the sediments. The kinetics and biosorption capacity in a batch system at a pH of 5-6, 30 ° C and 150 rpm were studied. For the biosorption kinetics, the kinetic model of the pseudo-second order was studied, where a kinetic constant of 0.0442 and 0.0171 g / mgmin was obtained for 1 g and 5 g of sediment, respectively; to evaluate the biosorption capacity, the Langmuir and Freundlich models were studied, and the experimental manganese data showed a better fit to the Freundlich model (n = 0.5, R2 = 0.85), on the other hand, for the experimental zinc data, a favorable adjustment was obtained for both biosorption models, where for Langmuir a maximum biosorption capacity (qm) of 70.79 mg / g was obtained and for Freundlich a value of n = 1.32 was obtained, indicating a favorable isotherm for the system studied. The removal of both metals with Saccharomyces cerevisiae biomass in a semi-continuous system (25-30 ° C, pH 5-6) was also evaluated, where a packed column with sediment was used in which biomass was fed as a biosorbent; In the metal removal analysis, percentages of 34.05% for manganese and 14.01% for zinc were obtained, which could be attributed to the conditions under which the process was carried out, as well as to the tolerance of *Sacharomyces cerevisiae* to these metals . This same system, biomass-metal-sediment, was characterized by scanning electron microscopy (SEM), which verified the presence of microorganisms; as well as with molecular techniques, which helped to identify the microorganisms present in the sediment before and after carrying out the biosorption process. In this study it was possible to determine the conditions for the biosorbent-metallic species system to show results that prove that the use of native microorganisms is an alternative that contributes to the improvement of the soil environment in this case; It was also possible to contribute scientifically on molecular biology techniques to know the microbial diversity that predominates in this environment before and after carrying out the biosorption process.

DEDICATORIA

A la Universidad de Sonora, a través del Departamento de Ingeniería Química y Metalurgia.

Al Posgrado en Ciencias de la Ingeniería y muy especialmente al Laboratorio de Biorremediación por el apoyo brindado para la realización del presente trabajo.

A mis padres, Luis Dávila y Olga Parra, ya que sin ellos no sería lo que soy, y no hubiera llegado hasta donde estoy, les doy gracias infinitas por el apoyo que en todo momento me han brindado a lo largo de mi vida.

AGRADECIMIENTOS

A mi directora de tesis, Dra. Onofre Monge Amaya, por su paciencia, su tiempo, su dedicación, su entrega y su apoyo incondicional para la realización de este trabajo.

A mis sinodales, Dr. Francisco Javier Almendariz Tapia, y Dr. Abraham Rogelio Mártin García, por su cooperación, conocimientos y tiempo dedicado a este trabajo.

A mi sinodal externo, Dra. María Concepción de la Cruz Leyva, por su ayuda durante la estancia realizada en Tenosique, Tabasco y por su apoyo incondicional tanto en lo académico como en lo personal.

A mi hermana, Diana Dávila, por toda su ayuda durante la realización experimental de este trabajo, ya que fue de suma importancia para que éste se llevara a cabo.

A mis compañeros de laboratorio por su apoyo y amistad durante estos años.

TABLA DE CONTENIDO

LISTA DE FIGURAS

CAPÍTULO 1

INTRODUCCIÓN Y OBJETIVOS

1.1 Introducción

Debido al desarrollo industrial de la minería en nuestro país y a la falta de normatividad sobre sus residuos, esta industria ha generado por décadas una gran cantidad de desechos y sitios contaminados a lo largo de todo el país (Velasco-Trejo *et al.*, 2004).

El suelo es un elemento frágil del medio ambiente, un recurso natural no renovable puesto que su velocidad de formación y regeneración es muy lenta (Ortiz *et al.*, 2007).

El impacto ambiental causado por la contaminación por metales depende de la capacidad de acomplejamiento de estos con el suelo. En el caso particular de los suelos, si los metales se encuentran biodisponibles, pueden afectar la fertilidad y/o uso posterior de los mismos (Velasco-Trejo *et al.*, 2004). Los metales son minerales esenciales para los microorganismos aeróbicos y sobre todo anaeróbicos, pero se ha demostrado que en grandes cantidades algunos de ellos afectan seriamente la vida humana (Gavrilescu, 2004).

En la actualidad, hay un interés creciente por los métodos de recuperación biológicos ya que prometen tecnologías más sencillas, más baratas y respetuosas con el medio ambiente que otros tratamientos en los que los contaminantes son simplemente extraídos y transportados a otros lugares (Ortiz *et al.*, 2007).

Recientemente, se ha puesto atención en el desarrollo de tecnologías alternativas, conocidas como procesos de biorremediación, como parte de la biotecnología ambiental que incluye, entre otras, la biosorción que utiliza materiales orgánicos como biosorbentes.

En los últimos años, el proceso de biosorción ha sido ampliamente estudiado utilizando biomasa como biosorbente para la eliminación de metales pesados (Gavrilescu, 2004).

La biorremediación es un concepto general que incluye todos los procesos y acciones que tienen lugar para biotransformar un entorno contaminado a su estado original. La biorremediación utiliza principalmente microorganismos o procesos microbianos (Garbisu y Alkorta, 2003). Los compuestos contaminantes son transformados por organismos vivos a través de reacciones que tienen lugar como parte de sus procesos metabólicos (Mary Kensa, 2011).

Las técnicas para la remediación de suelos se basan en métodos fisicoquímicos y biológicos; estas últimas llamadas biorremediación, ya que aprovecha el potencial metabólico de organismos vivos (bacterias y hongos) para la descontaminación. Los procesos más usados en la biorremediación son la sorción, precipitación, lixiviación y volatilización de metales pesados (Covarrubias *et al.*, 2015).

Con frecuencia, la biorremediación debe atender entornos heterogéneos y multifásicos como los suelos, en los que el contaminante está presente en asociación con las partículas del suelo, disueltas en líquidos del suelo y en la atmósfera del suelo. Debido a estas complejidades, la biorremediación exitosa depende de un enfoque interdisciplinario (Boopathy, 2000). De hecho, la biorremediación se considera actualmente como una tecnología de limpieza viable pero restringida debido a la incertidumbre de los resultados y tiempos. Sin embargo, esta percepción está cambiando principalmente debido a la implementación exitosa de la biorremediación para tratar suelos contaminados con compuestos orgánicos. Luego, el siguiente paso debe centrarse en el desarrollo de procesos biológicos para el tratamiento de suelos contaminados con metales pesados (Cortez *et al.*, 2010).

El concepto biosorción de metales pesados, se refiere a la captación de iones metálicos por medio de una biomasa viva o muerta, a través de mecanismos físicos y químicos, como la adsorción y el intercambio iónico (Mejía, 2006). Los microorganismos pueden ser autóctonos de un área contaminada o pueden estar aislados de otros lugares y llevado al sitio contaminado.

Por lo tanto, se ha vuelto indispensable para el medio ambiente contaminado con metales encontrar una opción ecológica para preservar la salud del ecosistema en deterioro (Hansda *et al.*, 2016).

1.2 Justificación

En Sonora, una de las actividades económicas más importantes es la minería, la cual, debido a la falta de normatividad ha generado una gran cantidad de desechos a través de los años, los cuales afectan directamente a la flora y fauna colindante a los sitios afectados, así como también a las poblaciones cercanas a éstos; un ejemplo de esto es el Río San Pedro, ubicado en Cananea, Sonora. Por lo tanto, se busca implementar nuevas tecnologías para ayudar a la recuperación de sitios contaminados con metales pesados, las cuales a su vez sean amigables con el medio ambiente. Una alternativa, es hacer uso de microorganismos autóctonos para su aplicación en la remoción de contaminantes metálicos.

1.3 Objetivo General

Utilizar biomasa de *Saccharomyces cerevisiae* (*Sc*) aislada del río San Pedro en Cananea, Sonora para remediar sedimentos contaminados con Mn y Zn.

1.4 Objetivos Específicos

- Determinar la cinética de biosorción con *Sc* de Mn y Zn que se encuentran en los sedimentos, por sistema en lote.
- Evaluar la capacidad de biosorción con *Sc* en sistema en lote de Mn y Zn, contenidos en los sedimentos en base a modelos de Langmuir y Freundlich.
- Evaluar la remoción de Mn y Zn de los sedimentos utilizando *Sc* en sistema semicontinuo en un reactor de flujo descendente.

- Caracterizar el sistema biomasa-metal-sedimento por microscopia electrónica de barrido (MEB) del sistema en semicontinuo.
- Caracterizar la biodiversidad microbiana existente en los sedimentos contaminados con Mn y Zn después del proceso de remediación, por medio de técnicas moleculares.

CAPÍTULO 2

ANTECEDENTES BIBLIOGRÁFICOS Caracterización del Suelo

El suelo es una mezcla heterogénea de diferentes sustancias orgánicas y órgano-minerales, incluyendo minerales de arcilla, óxidos de hierro, aluminio y manganeso, sustancias húmicas y otros componentes sólidos, así como una variedad de sustancias solubles (Kushwaha *et al.*, 2018).

El suelo constituye un recurso natural de gran importancia, que desempeña funciones en la superficie terrestre como reactor natural y hábitat de organismos, así como soporte de infraestructura y fuente de materiales no renovables (Sposito, 2008). El suelo es un elemento filtrante, amortiguador y transformador, que regula los ciclos del agua y los biogeoquímicos. Tiene la propiedad de retener sustancias mecánicamente o fijarlas por adsorción, contribuyendo a la protección de aguas subterráneas y superficiales contra la penetración de agentes nocivos (Volke-Sepúlveda *et al.*, 2005).

2.2 Contaminación del Suelo

La presencia en los suelos de concentraciones nocivas de algunos elementos químicos y compuestos es un tipo especial de degradación que se denomina contaminación. El contaminante está siempre en concentraciones mayores de las habituales (anomalías) y en general tiene un efecto adverso sobre algunos organismos. Por su origen puede ser geogénico o antropogénico. Los primeros pueden proceder de la propia roca madre en la que se formó el suelo, de la actividad volcánica o del lixiviado de mineralizaciones. Por el contrario, los antropogénicos se producen por los residuos peligrosos derivados de actividades industriales, agrícolas, mineras, etc. y de los residuos sólidos urbanos. Desde un punto de vista legal, los contaminantes antropogénicos son los verdaderos contaminantes (Galán y Romero, 2008).

2.3 Contaminación del Suelo por Metales Pesados

La concentración de metales pesados en los suelos debería tener un origen únicamente en función de la composición litológica y de los procesos edafogénicos que dan lugar al suelo, determinando así la cantidad de metales de manera natural. Sin embargo, con la actividad humana se ha incrementado el contenido de estos metales en el suelo, siendo esta la causa de las concentraciones tóxicas detectadas (Jimenez y Párraga, 2011). En el suelo la concentración de metales varía considerablemente, pudiendo encontrarse como iones libres, adsorbidos, formado complejos órgano-minerales o precipitados. Entre las diferentes formas donde se queda un metal pesado en el suelo existe un equilibrio dinámico sobre el que influirán las condiciones del medio, el tipo de planta y los microorganismos que subsistan en él. La acumulación de los metales pesados en el suelo se reduce ligeramente por la lixiviación, absorción por las plantas, erosión, etc., pero sin duda, el suelo puede convertirse en un almacén de estos contaminantes durante cientos de miles de años, puesto que contendrá aquellos metales que no hayan sido capaces de salir del sistema (Barrio Vega, 2017). Es importante mencionar que, si este tipo de elementos se encuentran biodisponibles y se movilizan hacia poblaciones cercanas, pueden ocasionar problemas de intoxicación. En este sentido, la forma química de un elemento tiene influencia directa en su solubilidad, movilidad y toxicidad en el suelo; ésta, a su vez, depende de la fuente de contaminación y de la química del suelo en el sitio contaminado (Nies 1999).

De esta manera, para poder evaluar la utilización de una alternativa de remediación para un sitio en particular, es indispensable llevar a cabo la caracterización del sitio con el objeto de determinar el tipo y concentración del (los) contaminante(s) presente(s) (Volke-Sepúlveda *et al.*, 2005). En la Figura 1 se muestra la dinámica de los metales pesados en los suelos.

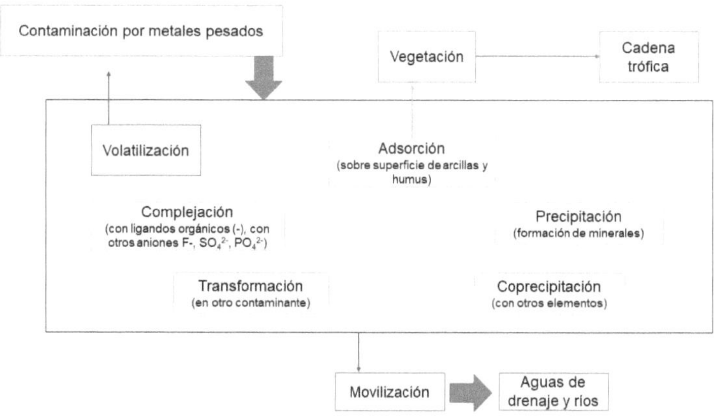

Figura 1. Dinámica de los metales pesados en suelos. Modificado de Valladares Ros et al., 2002.

La presencia en suelos de potenciales contaminantes como algunos iones metálicos, no es necesariamente perjudicial ya que son micronutrientes necesarios para el crecimiento de las plantas. En estos casos habrá que analizar el límite de concentración a partir del cual es peligroso para la salud. Los metales pesados suelen llegar procedentes de actividades industriales, por pesticidas o tráfico rodado. Los más vertidos son Mn, Zn, Cu, Pb, Ni, Mo y su grado de contaminación dependerá del estado en el que estén y las condiciones del medio. El pH del suelo controla el comportamiento de los metales (Barrio Vega, 2017): Los cationes son más móviles cuando el pH de la solución del medio es ácido pudiendo pasar a las cadenas tróficas, bien como tóxicos o en cantidades que producen deficiencia y a pH básicos producen el efecto Inverso, quedándose inmovilizados en el medio.

2.4 Origen y Vías de Entrada de los Metales Pesados en Suelos

Dependiendo de los tipos de contaminantes y de sus orígenes tendrá consecuencias a corto o largo plazo. La contaminación del suelo en función de su origen puede ser (Barrio Vega, 2017):

- *Natural.* Erupción volcánica, incendios naturales, deposiciones, productos de reacciones químicas, entre otras.
- *Antropogénicas.* Derivadas de actuaciones del hombre en cualquiera de sus actividades (agrícola, industrial, urbana, entre otras). Hay contaminantes inorgánicos u orgánicos y su toxicidad puede ser primaria (procede de la fuente original) o secundaria (si es producto de alguna transformación en el interior del suelo).

Todos los metales que pueden dar lugar a problemas de contaminación ambiental existen de forma natural en rocas, suelos, agua y aire, aunque casi todos en concentraciones mínimas no causan efectos adversos. Es el resultado de la actividad humana principalmente lo que va a incrementar estas cantidades en cada uno de estos compartimentos, creando serios problemas medioambientales. Por eso las acciones antrópicas van a influir en la entrada de metales pesados en los suelos (Valladares Ros *et al.*, 2002). A continuación, se mencionan algunas de ellas.

- Productos químicos agrícolas y enmiendas orgánicas como los lodos residuales y composta.
- *Actividades de minería y fundición.* El proceso de minería implica la extracción de las minas, el procesado preliminar, la evacuación de los residuos y transporte de los productos semi-procesados. Todas estas operaciones pueden producir una contaminación localizada de metales. El polvo originado puede ser depositado en los suelos a muchos kilómetros de distancia. En áreas mineras, las capas superiores de suelos minerales presentan concentraciones elevadas de cobre, níquel, arsénico, selenio, hierro y cadmio.
- *Generación de electricidad y otras actividades industriales.* La combustión de carbón es una de las principales fuentes de deposición de metales en

suelos. Las centrales térmicas de combustión de petróleo pueden ser fuentes de plomo, níquel y vanadio.

• Las mayores fuentes industriales de metales incluyen fábricas de hierro y acero que emiten metales asociados con las minas de hierro, como el níquel. Como ejemplo diremos que las fábricas de baterías pueden emitir cantidades considerables de plomo. Los metales asociados con áreas altamente industrializadas incluyen arsénico, cadmio, cromo, hierro, níquel, plomo, zinc y mercurio.

• *Residuos domésticos.* Aproximadamente el 10% de la basura está compuesta de metales. Uno de los problemas más serios de las sociedades modernas es como deshacerse de este volumen de basuras. Las dos alternativas son enterrarlas en vertedero controlado o incinerarlas. El enterramiento puede contaminar las aguas subterráneas, mientras que la incineración puede contaminar la atmósfera al liberar algunos de los metales volátiles. La conversión de la fracción orgánica de estos productos en composta para su uso como enmendantes orgánicos es también una posible vía de introducción de metal pesados en el suelo.

2.5 Normalización del Zinc en el Suelo

De acuerdo con la NOM-127-SSA1-1994, existen límites máximos permisibles de concentración de manganeso y zinc en agua para uso y consumo humano, las cuales son de 0.15 y 5.0 ppm, respectivamente (SEMARNAT, 1994). Por otro lado, según la NOM-001-ECOL-1996, los límites máximos permisibles de contaminantes en las descargas de aguas residuales en aguas y bienes nacionales, para el caso del zinc son 10 ppm para agua de río que se utiliza para riego agrícola, uso público urbano y protección de vida acuática, mientras que el límite máximo permisible de zinc en suelo para uso en riego agrícola y humedales artificiales es de 20 ppm, respectivamente. Para el caso del manganeso no se encuentran límites máximos permisibles en esta norma (SEMARNAT, 1996).

2.6 Tecnologías para el Tratamiento de Suelos Contaminados por Metales Pesados

El término «tecnología de tratamiento» implica cualquier operación unitaria o serie de operaciones unitarias que altera la composición de una sustancia peligrosa o contaminante a través de acciones químicas, físicas o biológicas de manera que reduzcan la toxicidad, movilidad o volumen del material contaminado (EPA, 2007). Las tecnologías de remediación representan una alternativa a la disposición en tierra de desechos peligrosos que no han sido tratados, y sus capacidades o posibilidades de éxito, bajo las condiciones específicas de un sitio, pueden variar ampliamente. Como ya se mencionó, el uso de una tecnología de remediación en particular depende, además de los factores específicos del sitio y de las propiedades fisicoquímicas del contaminante, de su disponibilidad, de la fiabilidad demostrada o proyectada, de su estado de desarrollo (laboratorio, escala piloto o gran escala) y de su costo (Sellers, 1999).

2.6.1 Tratamientos Fisicoquímicos

Este tipo de tratamientos aprovecha las propiedades físicas y/o químicas de los contaminantes o del medio contaminado para destruir, separar o contener la contaminación. Estas tecnologías generalmente son efectivas en cuanto a costos y pueden concluirse en periodos cortos, en comparación con las tecnologías biológicas. Sin embargo, los costos pueden incrementarse cuando se utilizan técnicas de separación, en las que los contaminantes requieran tratamiento o disposición. Las tecnologías fisicoquímicas incluyen tres estrategias básicas de acción sobre el contaminante: destrucción, extracción e inmovilización. Entre las principales ventajas de los tratamientos fisicoquímicos, se encuentran: (i) efectivos en cuanto a costos; (ii) pueden realizarse en periodos cortos; (iii) el equipo es accesible y no se necesita de mucha energía ni ingeniería. Algunas desventajas de estos tratamientos son: (i) los residuos generados por técnicas de separación deben tratarse o disponerse, lo que incrementa costos y necesidad de permisos; (ii) los fluidos de extracción pueden aumentar la movilidad de los contaminantes, lo que implica la necesidad de sistemas de recuperación. Algunos de los tratamientos fisicoquímicos se presentan a continuación (Velasco-Trejo *et al.*, 2004).

- **Remediación electrocinética:** Es una tecnología emergente de remediación *in situ*, altamente efectivo en la remoción de metales pesados y compuestos orgánicos altamente solubles en agua. Involucra la aplicación de una corriente directa de bajo voltaje o de un gradiente de potencial bajo a través de un electrodo positivo (ánodo) y uno negativo (cátodo) que se insertan en el suelo, se crea un campo eléctrico entre los electrodos, en donde las sustancias solubles (contaminantes) tienden a migrar hacia uno de los electrodos, en función de sus cargas, polaridad y movilidad. Dentro de los contaminantes que pueden tratarse por procesos electroquímicos, se encuentran: metales pesados (Pb, Hg, Cd, Ni, Cu, Zn, Cr); aniones tóxicos (NO_3^-, SO_4^-) e hidrocarburos del petróleo.

- **Inundación y lavado (percolación) de suelo:** Es una técnica *in situ* que consiste en inundar al suelo contaminado con una solución acuosa, llevando los contaminantes hasta un sistema de extracción. Esta tecnología aplicada *ex situ*, se conoce como lavado de suelos. El uso de ambas técnicas es recomendable para suelos arenosos, ya que éstos permiten el paso de la solución de lavado; esto, junto con las propiedades de ciertos aditivos (que pueden contaminar el agua subterránea) puede limitar la eficacia general del proceso. El tipo de solución a emplear para el lavado o inundación puede ser agua o agua con aditivos como ácidos, bases o agentes tensoactivos. Para extraer metales y contaminantes orgánicos, pueden emplearse soluciones ácidas. Las soluciones básicas se usan para tratar fenoles y algunos metales. Las soluciones tensoactivas son eficaces para retirar contaminantes oleosos. Una vez que se realiza el tratamiento, los contaminantes quedan en la fase acuosa, por lo cual debe tratarse esta solución por los métodos convencionales de tratamiento de agua.

- **Extracción química:** No destruye los contaminantes, sino que los separa de suelos, lodos y sedimentos, para así disminuir el volumen del material a tratar. La tecnología utiliza un químico de extracción. La extracción ácida (con ácido clorhídrico) puede utilizarse en el tratamiento de suelos contaminados con metales pesados. El suelo contaminado debe tamizarse para remover sólidos gruesos y, posteriormente, se adiciona el HCl al suelo en una unidad de extracción. El tiempo de residencia del ácido, varía en función del tipo de suelo y del tipo y concentración de los contaminantes. Durante el proceso, el agente de extracción se bombea continuamente fuera del tanque de mezclado; cuando se completa la extracción, el suelo se transfiere a un sistema en el cual se enjuaga con agua para eliminar los metales y el ácido. De esta manera los metales se concentran en una forma potencialmente conveniente para su recuperación.

- **Solidificación/estabilización (S/E):** En este proceso el suelo contaminado se mezcla con aditivos para inmovilizar los contaminantes, disminuyendo o eliminando su lixiviación. La solidificación incluye técnicas que encapsulan (atrapan físicamente) al contaminante formando un material sólido, y no necesariamente involucra una interacción química entre el contaminante y los aditivos solidificantes. La estabilización limita la solubilidad o movilidad del contaminante, generalmente por la adición de materiales, como cemento Pórtland, cal o polímeros, que aseguren que los constituyentes peligrosos se mantengan en su forma menos móvil o tóxica.

- **Vitrificación (fusión de suelos):** Es un proceso de S/E, ya que convierte los residuos a formas estructuralmente más estables, con un potencial reducido para la migración de contaminantes al medio ambiente. Usualmente ha sido aplicada para la inmovilización de muchos contaminantes inorgánicos. El proceso no requiere de la adición de reactivos e implica la fusión del suelo contaminado, por acción de temperaturas elevadas (1600 a 2000 °C), alcanzadas por el paso de una corriente eléctrica continua de alto voltaje, seguida por el rápido enfriamiento del material fundido que contiene los contaminantes incorporados en un producto vitrificado. Debido a las temperaturas utilizadas en el proceso, ningún contaminante orgánico permanece en el producto; de los contaminantes inorgánicos, unos se descomponen (cianuros), mientras otros se disuelven o reaccionan con el material fundido. El uso de suelo contaminado, como material para la fabricación de vidrio, ofrece ventajas como técnica de tratamiento, ya que se genera un producto con usos potenciales. Algunos factores a considerar para el empleo de la tecnología son las emisiones al aire y la composición de los lixiviados del producto.

- **Separación:** Se utilizan para remover contaminantes concentrados en un suelo, para obtener fracciones relativamente limpias que pueden considerarse como suelo tratado. La separación *ex situ* puede realizarse por diferentes procesos: (i) por gravedad; (ii) física (ambos procesos bien desarrollados); y (iii) magnética, que es un proceso más novedoso aún en etapa de prueba.

a) *Separación por gravedad*: Es un proceso de separación sólido/líquido, que asume una diferencia de densidad entre fases.

b) *Separación física:* Utiliza tamices con diferentes tamaños de malla para concentrar efectivamente los contaminantes en volúmenes menores. Se basa en el principio de que la mayoría de los contaminantes (orgánicos e inorgánicos) tiende a unirse, química o físicamente, a la fracción fina del suelo (arcillas).

c) *Separación magnética:* Es utilizada para extraer partículas ligeramente magnéticas y radiactivas de matrices como agua, suelo o aire. El proceso opera pasando el fluido contaminado o lodo a través de un volumen que contiene algún material con matriz magnética, como fibra de acero.

2.6.2 Tratamientos Biológicos

El término biorremediación se utiliza para describir una variedad de sistemas que utilizan organismos vivos (plantas, hongos, bacterias, etc.) para degradar, transformar o remover compuestos orgánicos tóxicos a productos metabólicos inocuos o menos tóxicos. Esta estrategia depende de las actividades catabólicas de los organismos, y por consiguiente de su capacidad para utilizar los contaminantes como fuente de alimento y energía. Este tipo de tratamientos son: (i) efectivos en cuanto a costos; (ii) tecnologías más benéficas para el ambiente; (iii) los contaminantes generalmente son destruidos; (iv) se requiere un mínimo o ningún tratamiento posterior. Sin embargo, entre sus desventajas destacan: (i) mayores tiempos de tratamiento; (ii) es necesario verificar la toxicidad de intermediarios y/o productos; (iii) no pueden emplearse si el tipo de suelo no favorece el crecimiento microbiano. A continuación se describen algunos tratamientos biológicos (Velasco-Trejo *et al.*, 2004).

- **Biorremediación microbiana:** Dentro de la amplia diversidad microbiana, existen microorganismos resistentes y tolerantes a los metales. Los primeros, se caracterizan por poseer mecanismos de detoxificación codificados genéticamente, e inducidos por la presencia de un metal; los microorganismos tolerantes son indiferentes a la presencia o ausencia de metal. Ambos tipos de microorganismos son de particular interés como captores de metales en sitios contaminados, debido a que ambos pueden extraer los contaminantes de una matriz contaminada. Con base en estos mecanismos, las estrategias biológicas para la remoción o inmovilización de contaminantes inorgánicos presentes en una matriz como el suelo, pueden dividirse en: biosorción, biomineralización, biolixiviación, biotransformación y quimiosorción.

a) *Biosorción:* Es la separación pasiva de metales y metaloides por interacciones con material biológico vivo o muerto y es, hasta ahora, el acercamiento más práctico y ampliamente usado para la biorremediación de metales. Implica mecanismos físicoquímicos por los que las especies metálicas son sorbidas y/o acomplejadas en biomasa o productos microbianos. Los procesos de biosorción son, esencialmente, pseudoprocesos de intercambio iónico, en los cuales los iones metálicos son intercambiados hacia componentes de carga opuesta unidos a la biomasa o a una resina. En general, depende del pH del líquido y de las características químicas del metal.

b) *Biomineralización (precipitación microbiana):* Es la formación de precipitados metálicos insolubles por interacciones con productos del metabolismo microbiano. La biomineralización de metales y metaloides en forma de minerales de azufre, hidróxido, fosfato y carbonato, tiene aplicaciones potenciales para la biorremediación. La precipitación reductora es un mecanismo por el cual, los microorganismos reducen la movilidad y toxicidad de un metal, a través de su reducción a un menor estado redox, ofreciendo aplicaciones potenciales para la biorremediación. Ciertos microorganismos anaerobios, durante su respiración, reducen formas metálicas oxidadas altamente solubles a formas elementales (reducidas) insolubles, dando como resultado la detoxificación y precipitación.

c) *Biolixiviación:* Es una tecnología relativamente nueva, simple y efectiva, utilizada para la extracción de metales a partir de minerales y/o concentrados que los contienen. La recuperación a partir de minerales de azufre o de hierro, se basa en la actividad de bacterias que oxidan hierro y azufre (*Thiobacillus ferrooxidans, T. thiooxidans* y *Leptospirillum ferrooxidans*), las cuales convierten sulfuros metálicos insolubles (S^0) a sulfatos solubles y ácido sulfúrico. Esta disolución hace que los metales puedan recuperarse fácilmente de ambientes contaminados y suelos superficiales, usando estrategias de remediación de bombeo-tratamiento.

d) *Biotransformación*: Este es un proceso que involucra un cambio químico sobre el metal, por ejemplo, en el estado de oxidación o de metilación. Esta transformación biológica de metales tóxicos, mediada por enzimas microbianas, puede dar como resultado compuestos poco solubles en agua o bien compuestos volátiles.

e) *Quimiosorción:* Con este término se describen las reacciones en las que los microorganismos mineralizan un metal, formando un depósito primario. Este depósito primario funciona como núcleo de cristalización, con la consecuente deposición del metal de interés, promoviendo y acelerando así el mecanismo de mineralización.

2.7 Mecanismo de Biosorción de Metales Pesados

El término "biosorción", se utiliza para referirse a la captación de metales que lleva a cabo una biomasa completa (viva o muerta), a través de mecanismos fisicoquímicos como la adsorción o el intercambio iónico. Cuando se utiliza biomasa viva, los mecanismos metabólicos de captación también pueden contribuir en el proceso. El proceso de biosorción involucra una fase sólida (sorbente) y una fase líquida (solvente, que es normalmente el agua) que contiene las especies disueltas que van a ser sorbidas (sorbato, e. g. iones metálicos). Debido a la gran afinidad del sorbente por las especies del sorbato, este último es atraído hacia el sólido y enlazado por diferentes mecanismos. Este proceso continúa hasta que se establece un equilibrio entre el sorbato disuelto y el sorbato enlazado al sólido (a una concentración final o en el equilibrio). La afinidad del sorbente por el sorbato determina su distribución entre las fases sólida y líquida. La calidad del sorbente está dada por la cantidad del sorbato que puede atraer y retener en forma inmovilizada (Cañizares-Villanueva, 2000).

Los mecanismos de biosorción que ocurren cuando la biomasa microbiana se pone en contacto con los metales pesados son básicamente dos: a) la absorción o internalización del metal a través de la membrana plasmática, también llamada bioacumulación y b) la unión a la pared celular del microorganismo, a través de procesos englobados en su conjunto como adsorción superficial que, además de la adsorción física, pueden incluir, intercambio iónico, microprecipitación y formación de complejos químicos por coordinación o quelación (Figura 2) (Park *et al.*, 2010).

De acuerdo con la dependencia del metabolismo de las células, los mecanismos de biosorción se pueden dividir en:

1. Dependiente del metabolismo;
2. Independiente del metabolismo.

De acuerdo con el sitio celular donde ocurre la biosorción, puede ser clasificada como:

1. Acumulación extracelular/precipitación;
2. Sorción en la pared celular/precipitación;
3. Acumulación intracelular/bioacumulación.

Hay muchos grupos funcionales que pueden atraer y secuestrar contaminantes, dependiendo del biosorbente. Estos pueden consistir en amina, amida, carbonilo, carboxilo, hidroxilo, sulfidrilo, fosfato, etc. Sin embargo, la presencia de estos grupos funcionales no garantiza una biosorción exitosa de los contaminantes. La importancia de cualquier grupo funcional para la biosorción de un determinado contaminante por una determinada biomasa depende de varios factores, incluido el número de sitios reactivos en el biosorbente, la accesibilidad de los sitios, el estado químico de los sitios (es decir, la disponibilidad) y la afinidad. entre los sitios y el contaminante particular de interés (es decir, la fuerza de unión) (Park *et al.*, 2010).

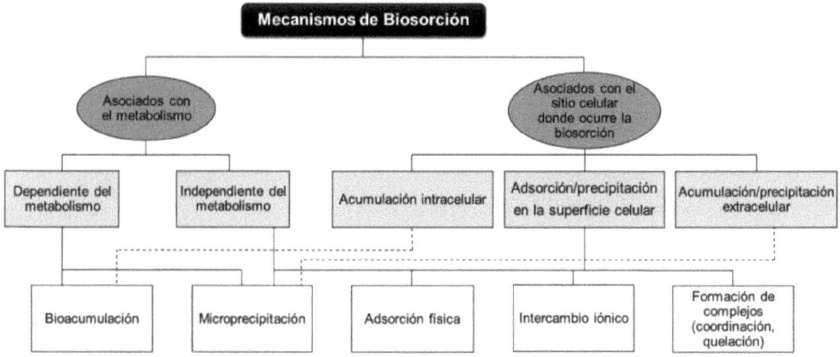

Figura 2. Clasificación de los procesos de biosorción. Modificado de Moreno Rivas et al., 2018.

El proceso básico de biosorción es igual al proceso de sorción, y utiliza los mismos modelos matemáticos para cuantificar la remoción de un metal, en particular de una solución contaminada con éste (modelos de Freundlich y Langmuir) (Mejía, 2006).

2.8 Efectos de los Metales Pesados en la Salud Humana

El rasgo distintivo de la fisiología de los metales pesados es que aun cuando muchos de ellos son esenciales para el crecimiento como el Mg, Ca, V, Mn, Fe, Co, Ni, Cu, Zn y Mo, se ha reportado que también tienen efectos tóxicos para las células, al estar en concentraciones superiores a las fisiológicas normales, principalmente como resultado de su capacidad para alterar o desnaturalizar las proteínas (Cañizares-Villanueva, 2000).

También pueden ser clasificados en dos grupos, según los requerimientos de las células: Los oligoelementales o micronutrientes. Son necesario en pequeñas cantidades para el organismo, pero tóxicos una vez pasado cierto umbral, ya que tienden a bioacumularse. (Cromo (Cr), cobalto (Co), arsénico (As), manganeso (Mn), níquel (Ni), zinc (Zn), selenio (Se) y molibdeno (Mo), por mencionar algunos) y los que no poseen una función biológica conocida. Son altamente tóxicos o incluyen al bario (Ba), cadmio (Cd), mercurio (Hg), plomo (Pb), antimonio (Sb), bismuto (Bi) (Navarro Aviño *et al.*, 2007).

2.8.1 Manganeso

La exposición al manganeso se manifiesta principalmente en el sistema nervioso central, aunque se ha observado toxicidad pulmonar, cardíaca, hepática, reproductiva y fetal. La neurotoxicidad de Mn resulta de una acumulación del metal en el tejido cerebral y da como resultado un trastorno progresivo del sistema extrapiramidal que es similar a la enfermedad de Parkinson (Zheng y Crossgrave, 2004).

2.8.2 Zinc

Si se toman por vía oral grandes dosis de zinc (10 a 15 veces más altas que la RDA; 11 mg/día hombres y 8 mg/día mujeres), aunque sea por poco tiempo, pueden producirse calambres estomacales, náuseas y vómitos. La ingestión de altos niveles de zinc durante varios meses puede causar anemia, dañar el páncreas y disminuir los niveles de colesterol de lipoproteínas de alta densidad (HDL) (Agency for Toxic Substances and Disease Registry, 2005).

2.9 Efectos de los Metales Pesados en el Medio Ambiente

2.9.1 Manganeso

En plantas los iones de este metal son transportados hacia las hojas después de ser tomados en el suelo. Cuando se encuentra pequeñas cantidades de esté puede ser absorbido desde el suelo esto causa disturbaciones en los mecanismos de las plantas. Esto se presenta cuando el pH del suelo es bajo. Por otra parte, a altas concentraciones en el suelo pueden causar inflamación de la pared celular, abrasamiento de las hojas y puntos marrones en las hojas (Volesky, 1990).

2.9.2 Zinc

El zinc se encuentra de manera natural en el suelo, pero las concentraciones están aumentando de manera poco natural debido a actividades antropogénicas. La mayor parte de concentración de zinc es desechada durante actividades industriales como la minería, combustión de desechos y el procesamiento del acero. Las fuentes industriales o los sitios de desechos tóxicos pueden hacer que las concentraciones de zinc en el agua potable alcancen niveles que pueden causar problemas de salud. El zinc también puede aumentar la acidez de las aguas. Por otra parte, algunos peces pueden acumular zinc en sus cuerpos por lo que se puede biomagnificar la cadena alimenticia. Las plantas a menudo tienen una absorción de zinc que sus sistemas no pueden manejar, debido a la acumulación de zinc en los suelos. Finalmente, el zinc puede interrumpir la actividad en los suelos, ya que influye negativamente en la actividad de los microorganismos y las lombrices de tierra, retardando así la descomposición de la materia orgánica (Wuana y Okieimen, 2011).

2.10 Uso de Levaduras como Biosorbentes

Un biosorbente con potencial para remover metales pesados, es cualquier componente de origen biológico, capaz de atraer iones o moléculas contaminantes y retirarlas del medio que está contaminando. En general, son materiales renovables con gran disponibilidad y diversidad molecular (Moreno-Rivas y Ramos-Clamont Montfort, 2018).

Diversos estudios demuestran que varias especies de levaduras actúan como biosorbentes de Ag^{2+}, Cd^{2+}, Co^{2+}, Pb^{2+}, Zn^{2+} en soluciones acuosas. Entre las levaduras, los géneros más estudiados son *Candida*, *Pichia*, *Cryptococcus* y *Saccharomyces*, siendo esta última muy adecuada para descontaminar el agua para consumo humano, debido a su inocuidad (Wang y Chen, 2009, Hernández Mata *et al.*, 2013).

Dentro de las levaduras del género *Saccharomyces*, *S. cerevisiae* es de especial interés como biosorbente. *S. cerevisiae* tiene la capacidad de remover metales pesados a bajas concentraciones, en soluciones acuosas, así como de tolerar cambios de pH y temperatura durante diferentes procesos. La biomasa de *S. cerevisiae* puede remover metales pesados, tanto si está metabólicamente activa (viva) o inactiva (muerta) (Wang y Chen, 2006). El mecanismo de biosorción de las levaduras es complejo y no ha sido completamente elucidado, ya que influyen en él tanto factores intrínsecos, relacionados con la naturaleza de la superficie celular y las características químicas del metal, como extrínsecos, relacionados con pH, fuerza iónica, etc. (Wang y Chen, 2006). La pared celular de S. cerevisiae es un componente esencial para la unión del metal. Su carga superficial es negativa; a pH de 5.0 y 6.0 presenta un potencial zeta de -27.7 ± 1.0 mV y -33.3 ± 1.4 mV, respectivamente (Moreno-Rivas et al., 2016). Lo anterior nos indica que las interacciones predominantes serán con metales pesados que presenten la forma de cationes como Cd^{2+} y Pb^{2+}.

La pared celular de *S. cerevisiae* está constituida principalmente por polisacáridos (80%-90%). También se encuentran lípidos, proteínas, polifosfatos y algunos iones inorgánicos asociados. Se distinguen dos capas, la primera, exterior y más delgada, formada por una mezcla de glicanos, donde los glucanos (β-1,3 y β-1,6) y mananos son los constituyentes más importantes. La segunda capa, interior y gruesa, está compuesta por polisacáridos fibrilares, como la quitina. Varios grupos funcionales de las moléculas de la pared celular interaccionan con los cationes metálicos, mediante interacciones electrostáticas. Entre ellos, carboxilos, hidroxilos, fosfatos y grupos tiol (Park *et al.*, 2010).También ocurre un intercambio iónico con grupos amidas, como lo demostraron analizando la interacción *S. cerevisiae* con Pb^{2+} por espectroscopía infrarroja con trasformada de Fourier (FTIR). Además, mediante un análisis de espectroscopía de energía dispersiva, este mismo grupo de investigadores, encontró una reducción en la señal del fósforo, indicando una posible interacción por acomplejamiento del Cd^{2+} con los grupos fosfato de la superficie celular. En la Figura 3 se esquematizan los principales mecanismos propuestos para la biosorción de Cd^{2+}, Pb^{2+} y H_3AsO_3 (Moreno-Rivas y Ramos-Clamont Montfort, 2018).

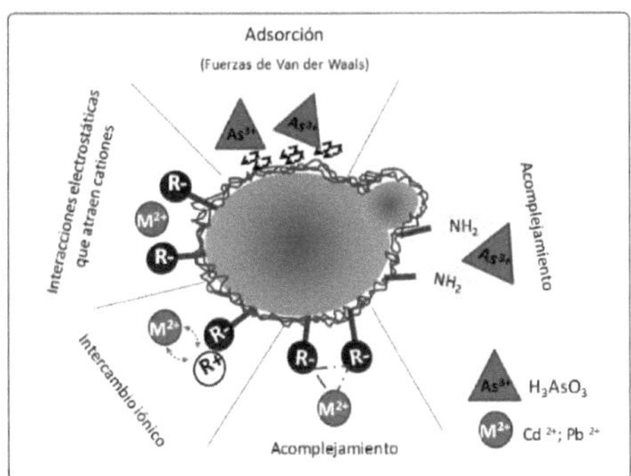

Figura 3. Interacciones que establecen los cationes metálicos con los grupos funcionales de la pared celular de *S. cerevisiae*

2.11 Modelos Teóricos para el Tratamiento de Datos Experimentales del Proceso de Biosorción

El modelo de sorción en equilibrio considera al suelo como un material homogéneo y por tanto las reacciones de sorción son reversibles y se basa en la siguiente reacción general:

$$-S- \; + M + \; -SM \tag{1}$$

Donde S es el sorbente, M el metal y SM el complejo de sorción (sorbente – metal).

Donde la reacción de equilibrio puede ser expresada como:

$$Km \; = \; \left[\frac{SM}{(S-)(M+)} \right] \tag{2}$$

Las dos técnicas más usadas para modelar los procesos de sorción en equilibrio son: la aproximación de Freundlich y la aproximación de Langmuir. Ambas involucran isotermas de sorción, las cuales describen la relación entre la concentración disuelta de la especie química a sorber (mg/l, mg/l, meq/l o mmol/l) y la cantidad sorbida por el sorbente; las unidades son de especie sorbida por unidad de masa de sorbente (mg/kg, mg/kg, meq/kg o mmol/kg); se asume que el proceso se da bajo condiciones de temperatura y presión constantes. Las isotermas de sorción se han clasificado en cuatro tipos, dependiendo de su forma (Figura 4) (Mejía, 2006).

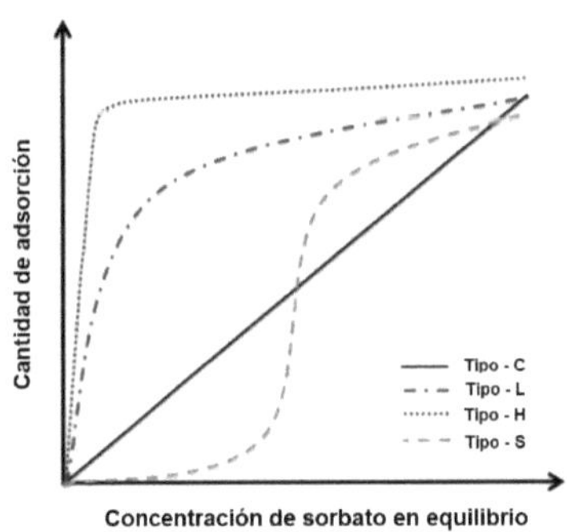

Figura 4. Tipos de isotermas de adsorción. Modificado de (Kumar et al., 2016).

- **Tipo L.** Describe una gran afinidad entre el sorbente y el sorbato, usualmente indica quimiosorción.
- **Tipo S.** Describe las interacciones entre sorbente y sorbato.
- **Tipo C.** Describe fraccionamiento, sugiriendo una interacción entre un sorbente hidrofóbico y un sorbato hidrofóbico.
- **Tipo H.** Describe una fuerte quimiosorción, el cual es un caso extremo de isotermas tipo L.

2.11.1 Modelo de Adsorción de Langmuir

El modelo de Langmuir está basado en la hipótesis de que la captación ocurre sobre una superficie homogénea llevándose a cabo una sorción en monocapa, en la cual no existen interacciones entre adsorbente-adsorbato (Ghaedi *et al.*, 2010). Este modelo también asume que el número de superficies de sorción es aproximada (no se sabe el número exacto de superficies de sorción), la sorción es independiente de la cobertura superficial, todos los sitios de sorción están representados por grupos funcionales similares y las isotermas son de tipo L (Mejía, 2006).

La expresión matemática para este modelo es la siguiente:

$$q = \frac{q_{max}K_L C_e}{1 + K_L C_e} \tag{3}$$

Donde q_{max} representa la capacidad de biosorción máxima (mg adsorbato/mg adsorbente), y K_L es una constante que relaciona la afinidad y la energía de adsorción (Ghaedi *et al.*, 2010). Para realizar el análisis lineal de los datos experimentales se han reportado cuatro tipos del modelo de la isoterma de adsorción de Langmuir, los cuales están representados en la Tabla 1 (Benderdouche *et al.*, 2018).

Tabla 1. Formas lineales de la isoterma de adsorción de Langmuir

Isoterma	Lineal	Gráfica
Langmuir I	$\frac{Ce}{qe} = \left(\frac{Ce}{qm}\right) + \left(\frac{1}{b * qm}\right)$ (4)	$\frac{Ce}{qe}$ vs Ce
Langmuir II	$\frac{1}{qe} = \left(\frac{1}{b * qm}\right) * \left(\frac{1}{Ce}\right) + \left(\frac{1}{qm}\right)$ (5)	$\frac{1}{qe}$ vs $\frac{1}{Ce}$
Langmuir III	$qe = qm - \left(\frac{1}{b}\right) * \left(\frac{qe}{Ce}\right)$ (6)	qe vs $\frac{qe}{Ce}$
Langmuir VI	$\frac{qe}{Ce} = b * qm - b * qe$ (7)	$\frac{qe}{Ce}$ vs qe

2.11.2 Modelo de Adsorción de Freundlich

Los suelos son sistemas con múltiples componentes (líquido, sólido y una fase gaseosa) constituyéndose en sí mismo en un estado dinámico y siempre tendiendo a mantener el equilibrio. La variación de una o varias de las fases afecta las otras directamente, llegando a un nuevo estado de equilibrio. La gráfica linealizada de Freundlich (tipo C), representa una aproximación empírica para predecir la distribución de una especie química en la fase líquida o en la fase sólida. Este modelo puede ser usado para predecir la lixiviación de un herbicida en particular o de un metal pesado en el suelo (Mejía, 2006).

El modelo de Freundlich propone una sorción en monocapa con una distribución heterogénea de los sitios activos y con interacción entre sus moléculas adsorbidas (Ghaedi *et al.*, 2010). La expresión matemática es la siguiente:

$$q = K_F C^{\frac{1}{n}} \tag{8}$$

Y su forma lineal se representa de la siguiente manera

$$Lnq = \frac{1}{n}LnCe + LnK_F \tag{9}$$

donde q es la capacidad de adsorción (mg/g); Ce es la concentración de equilibrio (mg/L); K_F es el parámetro de la ecuación (L/g) relacionado con la afinidad del bioadsorbente por los iones metálicos y n es el parámetro de la ecuación relacionado con la intensidad de adsorción (Sánchez *et al.*, 2008).

2.11.3 Modelos cinéticos

Modelo de pseudo primer orden

Lagergren propuso un método para el análisis de adsorción llamado ecuación de cinética de pseudo primer orden. La forma lineal de esta ecuación es la siguiente (Santhy y Selvapathy, 2006).

$$\log(q_e - q_t) = logq_e - \frac{k_1}{2.303}t \tag{10}$$

Donde q_e y q_t (mg/g) son las cantidades de iones metálicos adsorbidos en el equilibrio y t (minutos), respectivamente, k_1 es la constante de velocidad de la ecuación (minutos^{-1}). El intercepto de la gráfica debe ser igual al $logq_{eq}$. Sin embargo, si el valor calculado de

q_{eq} no es igual a la captación del metal en equilibrio entonces no es probable que la reacción sea de primer orden, incluso si esta ecuación tiene una alta correlación con los datos experimentales (Joo *et al.*, 2010).

Modelo de pseudo segundo orden

El modelo de pseudo segundo orden propuesto por Ho y McKay (Ho y McKay, 1999) fue utilizado para explicar la cinética de sorción. Este modelo se basa en el supuesto de que la adsorción sigue las quimisorciones de segundo orden y predice el comportamiento en todo el rango de concentración y está de acuerdo con un mecanismo de adsorción que es el paso de control de la velocidad. El modelo de pseudo segundo orden se puede expresar como:

$$\frac{dq}{dt} = k_2 \left(q_{eq} - q \right)^2 \tag{11}$$

Integrando la Ec (11) se obtiene:

$$\frac{t}{q} = \frac{1}{k_2 q_e{}^2} + \frac{1}{q_e} t \tag{12}$$

Donde t es el tiempo de contacto (minutos), q_{eq} y q (mg/g) son la cantidad adsorbida del metal en el equilibrio a cualquier tiempo t. Si la cinética de segundo orden es aplicable, entonces la gráfica de t/q contra tiempo debe dar una relación lineal de la cual las constantes q_{eq} y k_2 pueden ser determinadas de la pendiente y la ordenada al origen, respectivamente.

2.12 Estudio de la Diversidad Microbiana con Técnicas Moleculares

Existe una necesidad clara de identificación de microorganismos en muestras ambientales que ofrezca un acercamiento para entender las comunidades microbianas en sistemas biológicos con usos específicos en el tratamiento biológico, la salud pública, y biorremediación. Es así como se ha recurrido al uso de técnicas de biología molecular que permiten estudiar la diversidad taxonómica y estructura espacial de comunidades microbianas, ya que brindan la posibilidad de identificar poblaciones microbianas específicas en su hábitat natural (sin necesidad de cultivarlas) generando resultados confiables y en corto tiempo (Cárdenas *et al.,* 2003).

Los estudios modernos sobre diversidad microbiana inician con la extracción de ADN total de una muestra ambiental. Posteriormente puede trabajarse con técnicas que analizan los genomas completos de la muestra o con otras que se enfocan en la amplificación de un solo gen (Espiniosa-Asuar *et al.,* 2014).

La caracterización de comunidades microbianas mediante técnicas moleculares se ha impuesto rápidamente debido a la gran cantidad de información que proporciona y a la relativa facilidad metodológica que implican los análisis de estos compuestos, especialmente tras el gran desarrollo tecnológico que ha experimentado la biología molecular. Por ejemplo, el método de Reacción en Cadena de la Polimerasa (PCR) y la Electroforesis en Gel con Gradiente de Desnaturalización (DGGE) han sido efectivos para estudiar la diversidad microbiana en varios ecosistemas (You *et al.,* 2002).

El suelo puede contener en adición a los componentes naturales, una mezcla de compuestos extraños o contaminantes de diferentes propiedades químicas. Los estudios actuales de ecología microbiana del suelo, basados en métodos de biología molecular, requieren la extracción del ADN como paso inicial. Dicha metodología estará limitada por las técnicas de extracción y purificación de ADN (Holben, 1992). Se han propuesto diferentes técnicas, sin embargo, siempre se requiere adecuarlas a las condiciones de cada muestra ambiental, ya que generalmente se coextraen junto con los ácidos nucleicos, contaminantes que pueden interferir en la utilización posterior del ADN, procesos como PCR, hibridación, digestión con enzimas, etc. (Hamdan *et al.,* 2015).

2.12.1 Base de datos moleculares

Una base de datos es un programa para organizar datos, el cual incluye secuencias, estructuras, expresión génica, etc., además considera que existen tres tipos de bases de datos: primarias son las que contienen información original de los objetos biológicos, entre ellos están SwissProt, EMBL, GenBank entre otros; secundarias, son datos obtenidos a partir de una base de datos primarios, destacan Prosite, Pfam, scop, cath, etc. Y base datos compuestas, son las que integran una variedad de fuentes de datos primarios, sirviendo para evitar búsquedas múltiples en diferentes fuentes. Desde 1980 las bases de datos del Laboratorio de Biología Molecular Europeo (EMBL), el Centro Nacional de Información Biotecnológica (NCBI), de Estados Unidos y el Laboratorio Japonés (DDBJ) recopilan las secuencias nucleótidicas de manera colaborativa, de manera que cada nueva entrada es automáticamente intercambiada con las otras dos restantes (Trelles, s/f).

La base de datos de GenBank almacena una variedad de tipos de secuencias de ADN, ARN, aminoácidos, secuencia de transcripto, gen, cromosoma, genoma, etc.; otra base de datos importante es Entrez Gene que brinda a partir del nombre del gen información sobre la localización cromosómica, transcriptos asociados (nucleótidos), productos génicos (proteínas). Otra base de datos es el EBI que está compuesta por genoma, proteína y nucleótido; UniProt es la base de datos que brinda información de proteínas, a través de tres bases de datos Swiss-Prot, Translated EMBL y Protein Sequence Database. El Expert Protein Analysis System (ExPASy) es un compendio de herramientas de análisis en proteómica, permite buscar/recuperar datos, en diversas áreas de las ciencias biológicas, incluida la proteómica, la genómica, la filogenia, la biología de sistemas, genética de poblaciones, transcriptómica. Navegador de genoma, es una base de datos con una interfaz gráfica para representar secuencias y otros datos en función de su posición en los cromosomas, a través de sus tres navegadores principales el Genome Browser, NCBI y Genome Browser (Santa María, s/f).

2.12.2 Técnicas de secuenciación masiva de próxima generación

Desde su publicación en 1977 (Sanger *et al.*, 1977), la secuenciación Sanger, que ha transformado la biología de nuestros días, ha evolucionado de forma vertiginosa permitiendo alcanzar hitos tan relevantes para la Genética Humana como la secuenciación del primer genoma humano en el año 2001 (Lander *et al.*, 2001, Venter *et al.*, 2001). Sin embargo, esta técnica requiere una gran inversión de tiempo y dinero, lo que hizo necesario desarrollar nuevas tecnologías de secuenciación más costo-eficientes. De esta manera, surgieron un conjunto de nuevas tecnologías de secuenciación conocidas como secuenciación de nueva generación (Next generation sequencing, NGS), también llamadas secuenciación masiva o megasecuenciación. Las técnicas de NGS presentan un rendimiento muy superior al de técnicas convencionales como la secuenciación Sanger (Metzker, 2010, Glenn, 2011) ya que permiten la secuenciación a una velocidad sin precedentes, con un bajo coste por base nucleotídica. Actualmente, existen múltiples plataformas diferentes de NGS de distintas compañías comerciales, que difieren en su capacidad, longitud de lecturas, tiempo de protocolo, precio y en el tipo de reacciones químicas que llevan a cabo (Liu *et al.*, 2012 y Goodwin *et al.*, 2016). Sin embargo, la mayor parte de estas plataformas se basan en la secuenciación masiva de moléculas de ADN amplificadas de forma paralela. Entre ellas podemos encontrar: Roche 454 (GS FLX Titanium y GS Junior), Life Technologies (ejemplo: SOLiD 5500xl, Ion Torrent PGM) e Illumina (ej: HiSeq, MiSeq, NextSeq).

Los secuenciadores de Illumina lideran actualmente la NGS de lecturas cortas, lo que se debe a la robustez de su tecnología (secuenciación por síntesis) y a la disponibilidad de diversas plataformas que se adecuan a las distintas necesidades. Esta secuenciación se basa en la incorporación de nucleótidos marcados con terminadores reversibles de manera que en cada ciclo de ligación solamente uno de los cuatro nucleótidos posibles se une de forma complementaria al ADN molde, emitiendo una señal luminosa que es captada por un sistema óptico altamente sensible. Posteriormente, el terminador se elimina para permitir la incorporación del siguiente nucleótido en ciclos sucesivos de secuenciación. En este sentido, el fundamento de la técnica es muy similar al de la secuenciación Sanger (Bravo Gil, 2016).

El sistema MiSeq ofrece la primera plataforma de secuenciación de ADN a datos, integrando generación de grupos, amplificación, secuenciación y análisis de datos en un único instrumento. El sistema MiSeq utiliza la tecnología de secuenciación por síntesis (SBS) de Illumina, los procesos químicos de secuenciación de próxima generación más usados en todo el mundo (Illumina, 2011).

2.12.3 Plataforma Krona

Krona es una nueva herramienta de visualización que permite la exploración intuitiva de abundacias relativas y confiables dentro de las jerarquías complejas de clasificaciones metagenómicas. Esta herramienta combina una variante de pantallas radiales, espacio-llenado con colores paramétricos y el zoom interactivo polar-coordenadas. La implementación de HTML5 y JavaScript permite gráficos totalmente interactivos que se pueden explorar con cualquier navegador Web moderno, sin la necesidad de instalar un programa especializado. Esta arquitectura también permite que cada gráfico sea un documento independiente, haciéndolos fáciles de compartir vía correo electrónico o enviar a un servidor Web estándar (Ondov *et al.*, 2011).

2.13 Extracción de ADN

La aplicación de técnicas moleculares inicia con la extracción de ADN y la obtención exitosa de datos confiables y reproducibles depende, en gran medida, de la extracción de ADN íntegro y puro. La extracción consiste en el aislamiento y purificación de moléculas de ADN y se basa en las características fisicoquímicas de la molécula. El ADN está constituido por dos cadenas de nucleótidos unidas entre sí formando una doble hélice. Los nucleótidos están integrados por un azúcar (desoxirribosa), un grupo fosfato y una base nitrogenada (adenina, guanina, timina o citosina). La unión de los nucleótidos ocurre entre el grupo fosfato y el azúcar, mediante enlaces fosfodiéster, dando lugar al esqueleto de la molécula. Las bases de cadenas opuestas se unen mediante puentes de hidrógeno y mantienen estable la estructura helicoidal. Los grupos fosfato están cargados negativamente y son polares, lo que le confiere al ADN una carga neta negativa y lo hace altamente polar, características que son aprovechadas para su extracción. Los grupos fosfato tienen una fuerte tendencia a repelerse, debido a su carga negativa, lo que permite disolver al ADN en soluciones acuosas y formar una capa hidratante alrededor de la molécula. Pero, en presencia de etanol, se rompe la capa hidratante y quedan expuestos los grupos fosfato. Bajo estas condiciones se favorece la unión con cationes como Na^+ que reducen las fuerzas repulsivas entre las cadenas de nucleótidos y permiten que el ADN precipite. Por otro lado, la carga neta negativa del ADN le permite unirse a moléculas y matrices inorgánicas cargadas positivamente. En general, los protocolos tradicionales consisten de cinco etapas principales: homogeneización del tejido, lisis celular, separación de proteínas y lípidos, precipitación y redisolución del ADN (Velázquez *et al.*, 2016).

2.13.1 Cuantificación del ADN

Una vez obtenido el material genético, es importante determinar el rendimiento mediante espectrofotometría. La ley de Beer-Lambert indica que la concentración de una molécula en solución depende de la cantidad de luz absorbida de las moléculas disueltas. Una característica del ADN es que absorbe la luz ultravioleta (UV) a 260 nm y permite estimar su concentración mediante espectrofotometría. Se debe considerar el factor de dilución para obtener la concentración en nanogramos/microlitro (ng/μl). En el caso de algunos equipos como el espectrofotómetro NanoDrop™One no es necesario diluir la muestra y el equipo nos proporciona directamente la concentración en ng/μl. Para estimar la pureza del ADN se considera la proporción de la absorbancia a 260 nm y 280 nm. Una proporción de 1.8 es aceptada como ADN puro, proporciones menores a este valor indican la presencia de proteínas. Una segunda valoración de la pureza de ácidos nucleicos es la proporción 260/230, los valores aceptados se encuentran en el rango de 2.0 a 2.2, si la relación es menor indican la presencia de contaminantes como carbohidratos o fenol (Velázquez *et al.*, 2016).

2.13.2 Técnica de electroforesis

Además de conocer la cantidad y calidad del ADN por espectrofotometría, es importante conocer si el ADN obtenido está integro. La integridad del ADN se puede observar mediante electroforesis en gel de agarosa. Si el ADN está integro, se debe observar una banda estrecha cercana al pozo en que se colocó la mezcla de ADN. Si está fragmentado, se observará una banda de más de un cm de ancho o un sendero luminoso en el carril de la muestra (Velázquez *et al.*, 2016). Mediante la electroforesis podemos separar fragmentos de ADN y ARN en función de su tamaño, visualizarlos mediante una sencilla tinción, y de esta forma determinar el contenido de ácidos nucleicos de una muestra, teniendo una estimación de su concentración y grado de entereza. Podemos además extraer del gel los fragmentos de ADN que sean de interés, para posteriormente utilizarlos en diferentes aplicaciones. La electroforesis en geles de agarosa es el método estándar para separar y purificar fragmentos de ADN cuando no requerimos un alto poder de resolución (Hierro, 2014).

CAPÍTULO 3

MATERIALES Y MÉTODOS

3.1 Muestreo

3.1.1   Origen De La Muestra

El muestreo de los sedimentos se llevó a cabo en el río San Pedro, el cual está localizado al noroeste del estado de Sonora, su ubicación geográfica exacta está entre los paralelos 30° 52' y 31° 20' de latitud norte y los meridianos 110° 06' y 110° 31' de longitud oeste. El muestreo se realizó en la zona más cercana al complejo minero, según la Norma NMX-AA-112-1995. La muestra de sedimento se colectó mediante perforadores tomando núcleos de sedimento, de manera posterior se depositó la muestra utilizando recipientes de plástico limpios y descontaminados.

3.2 Obtención de Biomasa como Biosorbente

La obtención de biomasa como biosorbente se llevó a cabo utilizando una cepa de levadura previamente aislada de sedimentos del Río San Pedro, ubicado en Cananea, Sonora, la cual posteriormente fue identificada por medio de técnicas de biología molecular como *Saccharomyces cerevisiae* (Sc), dicha cepa fue proporcionada por el Laboratorio de Biorremediación del Departamento de Ingeniería Química y Metalurgia de la Universidad de Sonora.

3.2.1   Reactivación de la Cepa

Para la reactivación de la cepa se prepararon placas de agar papa dextrosa (PDA). Después se preparó el medio de cultivo YPG constituido por 3.0 g/L de extracto de levadura, 5.0 g/L de peptona y 15 g/L de glucosa, con un pH entre 5 – 6, dicho medio se vació en matraces Erlenmeyer. Una vez estandarizado el pH, el medio YPG se esterilizó en autoclave a 121°C y 15 PSI, posteriormente las cepas de *Sc*, las cuales se encontraban en tubos con agar, se sembraron en un ambiente estéril. Dichos matraces se colocaron en la incubadora modelo CVP-500 de la marca Scientific a 30°C y 150 rpm durante 24 horas. Finalmente, los matraces que presentaban turbidez se sembraron en las placas con agar PDA para después incubarlas durante 24 horas a 30°C. Tanto para las placas con agar como para los matraces con medio YPG se utilizaron controles abióticos para descartar contaminación durante el crecimiento de la levadura y asegurarnos que esta creciera pura. Se hizo tinción con azul de metileno para observar las colonias de la cepa en el microscopio.

Una vez que se presentó el crecimiento se optó por continuar con el procedimiento para la obtención de biomasa, la cual se utilizó para determinar la cinética y capacidad de biosorción de manganeso y zinc presentes en los sedimentos. Para ello se preparó el medio de cultivo YPG (3.0 g/L de extracto de levadura, 5.0 g/L de peptona y 15 g/L de glucosa), con un pH entre 5 – 6. Se utilizaron matraces Erlenmeyer a los cuales se les agregaron 100 y 900 mL del medio YPG, respectivamente. Una vez estandarizado el pH se esterilizó a 121°C y 15 PSI durante 15 minutos.

Para la obtención de biomasa como biosorbente se hizo uso del fermentador ez-control Applikon Biotechnology, el cual fue previamente esterilizado en autoclave junto con sus aditamentos a 121°C y 15 PSI durante 15 minutos. Una vez que se obtuvo la densidad óptica adecuada del inóculo para llevar a cabo la biosorción se agregaron 900 mL del medio de cultivo YPG al fermentador, así como el inóculo de 100 mL de biomasa de *Sc* en un ambiente estéril. Las condiciones de crecimiento se llevaron a cabo a 30°C, 200 rpm, 1.5 L/min de aire y un pH entre 5-6.

3.3 Determinación de la Cinética y Capacidad de Biosorción de Mn y Zn

Para determinar la cinética y capacidad de biosorción de la cepa de *Sc* se realizó un estudio en lote en el cual se varió la cantidad de sedimento; para ello se utilizaron matraces Erlenmeyer a los cuales se les agregaron 1, 2, 3, 4 y 5 g de sedimento respectivamente, sin embargo, la cantidad de biomasa que se agregó, así como la cantidad de medio de cultivo YPG se mantuvo constante, por lo que se agregaron 25 mL de biomasa y 75 mL del medio de cultivo YPG. Durante el experimento se utilizó un blanco con 100 mL del medio de cultivo YPG, así como también se utilizaron blancos para cada cantidad de sedimento. Una vez que a cada matraz se les agregó la cantidad correspondiente de sedimento, biomasa y medio de cultivo se colocaron en la incubadora con agitación CVP-500 de la marca Scientific a 30°C y 150 rpm. Se tomaron 5 mL de muestra al tiempo 6, 24, 48 y 72 horas. Por medio del Espectrofotómetro de Absorción Atómica marca Perkin Elmer modelo Analyst 400 se analizó la concentración de manganeso y zinc contenidos en el sobrenadante. Para determinar la concentración de manganeso y zinc presentes en los sedimentos se llevó a cabo la técnica de digestión ácida de sedimentos en las muestras que fueron tomadas a las 6, 24, 48 y 72 horas para los experimentos con 1 g y 5 g de sedimento.

Para determinar la cinética de biosorción de manganeso y zinc se utilizaron los modelos de pseudo primer Ec. (10) y pseudo segundo orden Ec. (12). La capacidad de captación de manganeso y zinc utilizando biomasa se calculó en base a la Ec. (13).

$$q_{eq} = \frac{(C_o - C_{eq})\,V}{m} \tag{13}$$

Donde:

C_o = Concentración inicial del metal (mg/L).

C_{eq} = Concentración del metal en el equilibrio (mg/L).

m = Cantidad de biomasa (g)

V = Volumen de solución durante el proceso (L)

3.4 Evaluación de la Remoción de Mn y Zn de los Sedimentos Utilizando *Sc* en Sistema Semicontinuo en un Reactor de Flujo Ascendente

Para evaluar la remoción de manganeso y zinc de los sedimentos muestreados del Río San Pedro, ubicado en Cananea Sonora se hizo lo siguiente:

En dos columnas de 120 mL se empacaron 40 g de muestras de sedimentos más 40 g de empaque; las columnas tenían un soporte de esponja en la parte inferior de la columna para evitar taponamientos. En la columna 1 (columna 1.1 y columna 1.2) se hizo fluir a través de una bomba peristáltica biomasa de *Sc* la cual fue previamente cultivada, la biomasa se alimentó por la parte inferior de la columna con un caudal de 2 mL/min y fue aireada en todo momento con un flujo de aire de 1.5 mL/min, el ensayo se llevó a cabo a una temperatura de entre 25-30°C y un pH inicial de éste se hizo por duplicado. En la columna 2 (columna blanco) se alimentó de manera ascendente medio de cultivo YPG a las mismas condiciones. Durante este experimento se determinó el tiempo de retención hidráulico de la biomasa en las columnas, el cual fue de aproximadamente 60 minutos. Se tomaron muestras del sobrenadante al tiempo 1, 2, 3, 4, 5, 6 y 24 horas, así como también se tomó una muestra de sedimento a las 24 horas de experimentación con el objetivo de determinar el porcentaje de remoción de manganeso y zinc (Ec 14.), para ello se aplicó la técnica de digestión ácida de sedimentos (ver sección 3.5).

El porcentaje de remoción de manganeso y zinc del sedimento (E) se determinó utilizando la Ec. (14).

$$E = \left(\frac{C_o - C_f}{C_o}\right) x\ 100 \tag{14}$$

Donde:

C_o = Cantidad inicial de metal pesado (mg/L)

C_f = Cantidad final de metal pesado (mg/L)

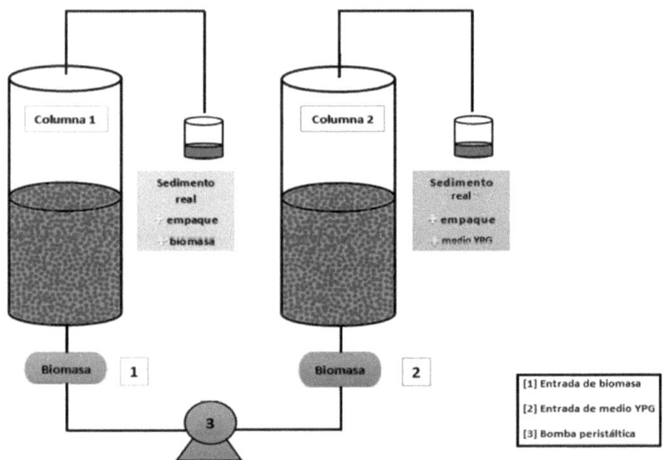

Figura 5. Diagrama experimental para la remoción de manganeso y zinc en sistema semicontinuo.

3.5 Digestión de Sedimentos

Para conocer la concentración de manganeso y zinc presentes en el sedimento antes y después de llevar a cabo el proceso de biosorción para el estudio en lote y en semicontinuo se aplicó el método de digestión ácida como se describe a continuación:

Se pesaron 0.5 ± 0.0001 g de muestra debidamente molida y se colocó en un vaso de teflón de 100 mL. Después se añadieron los siguientes ácidos concentrados: 5 mL de HNO_3, 10 mL de HF y 5 gotas de H_2SO_4. Luego de estos los vasos de teflón se colocaron en un baño de arena y se calentaron a una temperatura de 110 ± 10 °C hasta reducir el volumen a 1 ± 0.5 mL; una vez que se obtuvo dicho volumen se añadieron nuevamente los ácidos y se esperó hasta que el volumen se redujera hasta 1 ± 0.5 mL. Posteriormente se retiraron los vasos de teflón del baño de arena y se dejaron enfriar a temperatura ambiente. A continuación, se añadieron 10 mL de HCl concentrado y de nuevo se colocaron los vasos de teflón en el baño de arena, estos se calentaron hasta reducir el volumen a 5 mL. Después se agregaron 40 mL de agua deionizada y se continuó con el calentamiento durante 20 minutos. Posteriormente, las muestras se filtraron con papel Whatman No. 40 y estas se aforaron en un matraz volumétrico con agua deionizada. Finalmente se determinó la concentración de zinc y manganeso presentes en los sedimentos antes y después del proceso de biosorción por medio del Espectrofotómetro de Absorción Atómica marca Perkin Elmer modelo Analyst 400.

3.6 Caracterización del Sistema Biomasa-Metal-Sedimento por Microscopia Electrónica de Barrido (MEB) del Sistema en Semicontinuo

La observación de los sedimentos sin tratar y después de tratarlos se realizó por medio de la técnica de microscopio electrónica de barrido (MEB). Para este análisis se tomaron entre 0.5 y 1 g de sedimento y se introdujeron en un tubo eppendorff. Las muestras fueron tratadas de acuerdo con la siguiente metodología:

Se agregó 1 mL de agua deionzada a las muestras, se agitaron durante 1 minutos en vortex y se centrifugaron a 5000 rpm durante 5 minutos, después se desechó el sobrenadante y se lavó nuevamente. Luego de esto las muestras se desecaron con acetona al 20, 40, 80 y 100%, después se agitó en vortex durante 30 segundos y se centrifugaron a 5,000 rpm durante 5 minutos. Finalmente, los tubos eppendorf que contenían las muestras se mantuvieron dentro de un desecador durante 24 horas. Por último, se realizó la observación de los sedimentos en el microscopio electrónico de barrido.

3.7 Estudio de la Diversidad Microbiana

Con el fin de caracterizar la diversidad microbiana existente en los sedimentos contaminados con manganeso y zinc después del proceso de remediación, se realizaron técnicas moleculares.

3.7.1 Extracción de ADN

Para determinar de una manera cualitativa la biodiversidad microbiana presente en la columna utilizada para la remediación del sedimento contaminado con manganeso y zinc, se aplicaron técnicas de biología molecular a las muestras de sedimento tomadas antes (sedimento inicial) y después (sedimento final) de haber llevado a cabo el proceso de biosorción.

Para iniciar con el procesamiento de las muestras, primero se les aplicó un pretratamiento para la extracción de ADN, con el objetivo de eliminar impurezas y sustancias que pudieran intervenir en el proceso de extracción (ANEXO B).

Para lograr la extracción de ADN de las muestras de sedimento se trabajó con dos técnicas: Técnica de extracción con un Kit Comercial Invitrogen™ PureLink® Genomic DNA Mini Kit (Kit Comercial) (ANEXO C) y técnica de sílice (ANEXO D) (Rojas-Herrera *et al.*, 2008).

Una vez aplicado el método de extracción de ADN, se llevó a cabo la técnica de electroforesis de ADN. Es importante realizar esta técnica, ya que con ella podemos corroborar la presencia de ADN en las muestras analizadas (ANEXO E). Para finalizar, se realizó la cuantificación de ADN con un equipo NanoDrop™One.

3.7.2 Análisis de la diversidad microbiana

Una vez que se logró la extracción de ADN de las muestras de sedimentos, éstas fueron enviadas al laboratorio *"Research and Testing Laboratory"* ubicado en Texas, Estados Unidos, para su amplificación por PCR y secuenciación masiva de próxima generación. Para este último análisis se utilizó la técnica Illumina MiSeq, en la cual se siguió la metodología planteada por el *"Research and Testing Laboratory"* (Research Testing Laboratory, 2019).

En el caso de la diversidad bacteriana se amplificó una porción del gen de ARN ribosómico 16S por la técnica de Illumina MiSeq, la cual produjo archivos FASTQ con un desplazamiento de phred de +33. Si bien los archivos FASTQ generados por un MiSeq contenían todos los datos de secuencia sin procesar generados por el secuenciador, no contuvo ninguna información con respecto al cebador (Tabla 3) (directo o inverso). Los archivos FASTQ generados por Illumina MiSeq estaban en dos formas, dependiendo de la secuencia: un extremo emparejado o un extremo único. Las lecturas de extremo único se almacenaron en un solo archivo FASTQ con cada lectura en el archivo que representa una lectura desde el secuenciador. Las lecturas de Illumina MiSeq se almacenan por secuencia y son demultiplexadas por el *software* de Illumina, por lo tanto, a sus datos en bruto les faltó toda la información del código de barras (Research Testing Laboratory, 2019). Se realizó la alineación de secuencias múltiples final con el *software FastTree* (Price *et al.*, 2010); un programa usado para inferir aproximadamente la máxima probabilidad de árboles filogenéticos de datos de secuencias múltiples. Se utilizó la plataforma Krona para la visualización del análisis taxonómico de la biodiversidad microbiana.

Tabla 2. Cebadores utilizados para la amplificación de ADN metagenómico de las muestras de sedimentos 3F y 4F

Muestra	Cebador sentido	Cebador anti-sentido	Ensayo	Diversidad
3F (sedimento inicial)	28F GAGTTTGATCNTGGCTCAG	519R GTNTTACNGCGGCKGCTG	28F	Bacterias
	ITS1F CTTGGTCATTTAGAGGAAGTAA	ITS2aR GCTGCGTTCTTCATCGATGC	ITS1F	Hongos
4F (sedimento final)	28F GAGTTTGATCNTGGCTCAG	519R GTNTTACNGCGGCKGCTG	28F	Bacterias

CAPÍTULO 4

RESULTADOS Y DISCUSIÓN

4.1 Características Físicas y Químicas de Sedimentos

En el lugar de muestreo el sedimento presentó las siguientes características: pH=3.48 y temperatura de 16.6°C (Figura 6).

Figura 6. Muestra de sedimento del Río San Pedro.

Para conocer la concentración de manganeso y zinc en los sedimentos se realizó una digestión ácida de sedimentos (ver apartado 3.5), en la cual se obtuvieron las concentraciones que se presentan en la Tabla 3.

Tabla 3. Concentración de Mn y Zn en los sedimentos antes del proceso de biosorción

Muestra	Concentración inicial (ug/g)	
	Manganeso	Zinc
Sedimento	320	443.9

En un estudio realizado por (Gómez-Álvarez *et al.*, 2007) se determinó el fraccionamiento de metales pesados en sedimentos del Río San Pedro, ubicado en Cananea, Sonora. Durante dicho estudio se llevó a cabo un análisis de Difracción de Rayos X (DRX) de los sedimentos muestreados. En la Tabla 4 se muestran los resultados del estudio mineralógico realizado a los sedimentos del Río San Pedro a través del análisis DRX. Los resultados indican que los sedimentos consisten principalmente de cuarzo, aluminosilicatos (albita, ilita, microclina), óxidos y sulfatos de cobre y zinc. Los minerales secundarios incluyen goetita, jarosita-k, y probablemente schulenbergita y metahomanita. Estos minerales son formados por precipitación de los desechos ricos en metales, derivados de los procesos del drenado ácido de mina. En esta tabla se puede observar la presencia de manganeso y zinc en los sedimentos. En la Figura 7 se muestra el difractograma obtenido por DRX de los sedimentos.

Tabla 4. Estudio mineralógico de los sedimentos superficiales del Río San Pedro, a través de Difracción de Rayos X.

Mineralogía	Fórmula
Cuarzo	SiO_2
Albita	$NaAlSi_3O_8$
Ilita	$KAl_2Si_3AlO_{10}(OH)_2$
Microclina	$KAlSi_3O_8$
Schulenbergita	$(Cu,Zn)_7(SO_4,CO_3)_2(OH)_{10}.3H_2O$
Óxidos (Cu, Mn, Pb)	$CuO, Cu_2O, CuOCuSO_4 , MnO_2.XH_2O$
Jarosita-k	$(K, H_3O)Fe_3(SO_4)_2(OH)_6$
Goetita	$FeO(OH)$
Metahomanita	$Fe_2^{3+}(SO_4)_2(OH)_2.3H_2O$

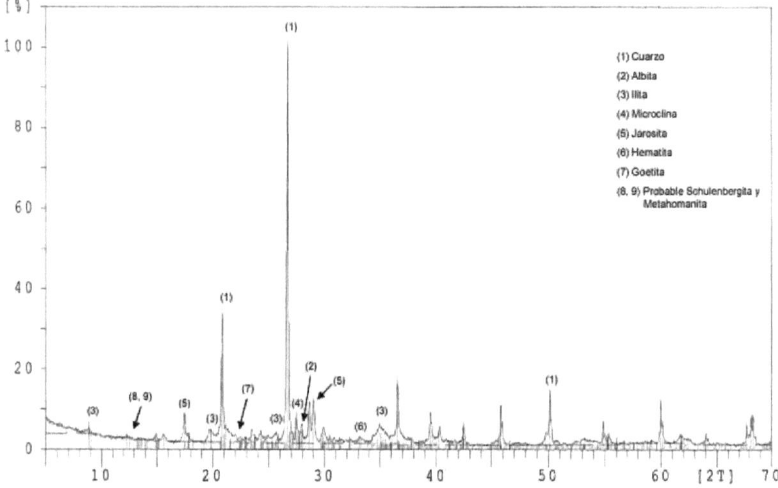

Figura 7. Resultados del análisis de Difracción de Rayos X realizado en el sedimento

4.2 Biomasa como Biosorbente

4.2.1 Reactivación de la cepa

En la Figura 8 se muestran dos imágenes con el crecimiento de la cepa en el medio de cultivo PDA. Se observa que las colonias presentan una forma esférica, color crema y de apariencia lisa. Estas características macroscópicas son típicas para la identificación de *Saccharomyces cerevisiae*.

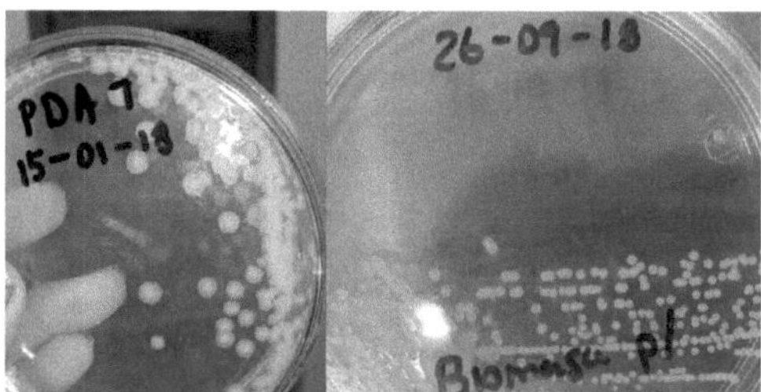

Figura 8. Características morfológicas de *Saccharomyces cerevisiae* en medio de cultivo PDA

En la Figura 9 se muestra *Sc* de forma microscópica, en donde puede observarse que se presentan las características atribuidas a *Saccharomyces cerevisiae*, como lo son su forma esférica y en algunas ocasiones ovaladas.

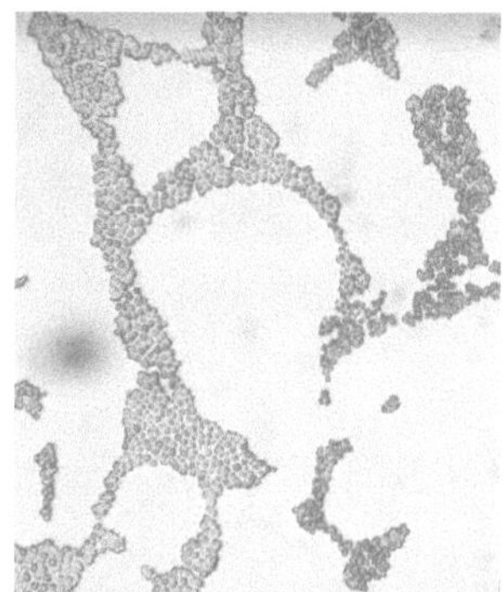

Figura 9. Características microscópicas de *Saccharomyces cerevisiae* en 40X

4.2.2 Biomasa de *Saccharomyces cerevisiae* como biosorbente

Una vez que la cepa fue reactivada se obtuvieron 100 mL como inóculo (10% del volumen de operación) a los cuales se les midió la absorbancia a las 21 horas de crecimiento, los resultados se muestran en la Tabla 5.

Tabla 5. Absorbancia y porcentaje de transmitancia del inóculo de levadura a las 21 horas de crecimiento

Muestra	Absorbancia	%Transmitancia
1	1.225	5.9566
2	1.244	5.7016
Promedio	1.2345	5.8277

Con dichos valores de absorbancia se puede llevar a cabo el proceso de biosorción (Monge Amaya *et al.*, 2008).

Los datos de absorbancia y transmitancia en el estudio de la cinética de crecimiento se muestran en la Tabla 6, donde se observa que estos ascienden en absorbancia y disminuyen en transmitancia, lo cual nos indica el desarrollo de la biomasa de *Sc*.

Tabla 6. Datos de absorbancia y porcentaje de transmitancia obtenidos durante la cinética de crecimiento de la levadura a diferentes tiempos

t (h)	Absorbancia	%Transmitancia
0	0.2365	58.009
1	0.204	62.517
2	0.327	47.097
3	0.491	32.284
4	0.606	24.774
5	0.624	23.768
9	1.098	7.979
21	1.243	5.714

En la Figura 10 se muestra la curva de crecimiento de *Saccharomyces cerevisiae.* La curva de crecimiento de *Sc* muestra que entre las 2 y 9 horas está en su máximo desarrollo y entre las 9 y 21 horas llega a su fase estacionaria.

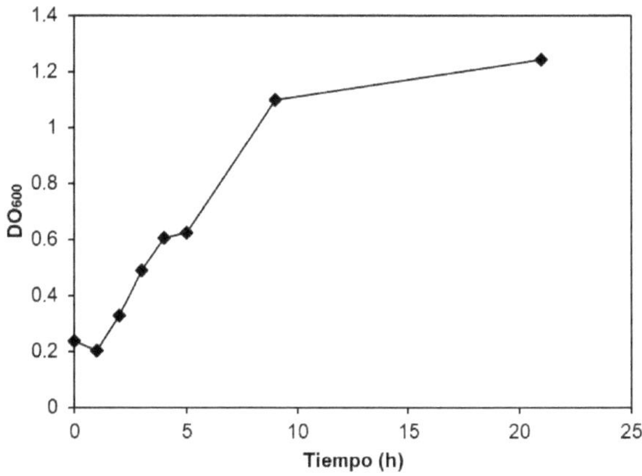

Figura 10. Curva de crecimiento de *Saccharomyces cerevisiae.*

4.3 Cinética y Capacidad de Biosorción de Mn y Zn Contenidos en los Sedimentos en Base a Modelos de Langmuir y Freundlich

4.3.1 Cinética de biosorción de Mn y Zn contenidos en los sedimentos

En la Figura 11 se muestra la cinética de biosorción de manganeso al utilizar 1 g y 5 g de sedimento, los cuales se pusieron en contacto con biomasa de *Sc*. Se puede observar que al utilizar 1 g de sedimento se tiene la máxima remoción de manganeso a las 48 horas (4.41 mg/g); lo mismo sucede al utilizar 5 g de sedimento, sin embargo, al comparar ambos casos, se tiene una mayor remoción de manganeso al utilizar 5 g (24.83 mg/g) de sedimento a las 48 horas, comparado con el caso en el cual se utilizó 1 g de sedimento. Para el caso en donde se utilizaron 5 g de sedimento se alcanza el equilibrio a partir de las 48 horas. En un estudio realizado por (Rahman y Sathasivam, 2015), analizaron la biosorción de Cu^{2+}, Pb^{2+}, Fe^{2+} y Zn^{2+} con biomasa seca de *Kappaphycus sp.* En dicho estudió se observó un comportamiento similar al del presente trabajo, en donde se obtuvo una disminución en la captación del metal (q_e); se menciona que una disminución en la biosorción puede indicar el nivel máximo de adsorción como un punto de saturación en la biosorción.

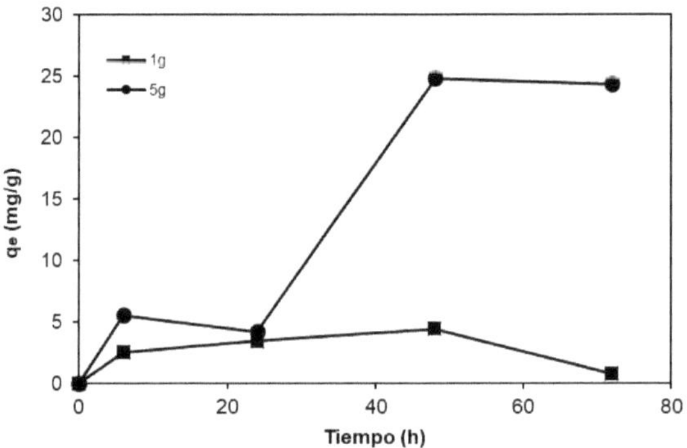

Figura 11. Cinética de biosorción con 1 g y 5 g de sedimento para Mn

En la Figura 12 se muestra la cinética de biosorción de zinc al utilizar 1 g y 5 g de sedimento en contacto con biomasa de *Saccharomyces cerevisiae.* Se puede observar que se tiene una mayor remoción de zinc al utilizar 5 g de sedimento en comparación con 1 g de sedimento; y para ambos casos la captación del metal fue rápida, esta se obtuvo en su mayoría en las primeras 6 horas de contacto, después de eso la velocidad de captación de zinc no incrementó de manera significativa, para el caso en el cual se utilizó 1 g de sedimento, por lo que, el equilibrio para este sistema se alcanzó a las 6 horas de experimentación, sin embargo, la máxima captación del metal se dio a las 72 horas (7.13 mg/g). Para el caso en donde se utilizaron 5 g de sedimento, desde las 6 horas la velocidad de captación aumenta hasta alcanzar la máxima captación del metal, la cual se da a las 48 horas de experimentación (37.07 mg/g), después de ese tiempo, la velocidad de captación disminuye, sin embargo, a partir de las 6 horas la variación en los valores de captación obtenidos fueron mínimos. En un estudio realizado (Sánchez *et al.,* 2008), se analizó la capacidad de biosorción de *Chlorella sp.* inmovilizada de soluciones acuosas con una concentración inicial de Zn^{+2} y Ni^{+2} de 100 mg/L. Se observó que, para ambos metales, la mayor capacidad de adsorción se logró a los 120 minutos. En este estudio se menciona que el rápido mecanismo cinético se puede atribuir a la formación de complejos de la superficie exterior que descuidan la difusión intraparticular (Rahman y Sathasivam, 2015).

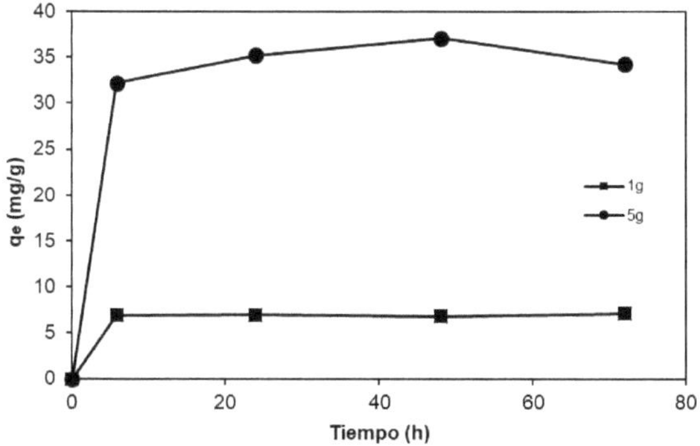

Figura 12. Cinética de biosorción con 1 g y 5 g de sedimento para Zn

Se hizo el ajuste lineal de los modelos de pseudo primer y pseudo segundo orden (Ec. 10 y Ec. 12) para los datos obtenidos de la cinética de biosorción de zinc y manganeso con *Sc* como biosorbente. Para ambos metales los datos no se ajustaron al modelo de pseudo primer orden. En un estudio realizado por Li (2009), indica que, en la mayoría de los casos, este modelo no era aplicable a todos los datos experimentales durante todo el proceso de biosorción (Li *et al.,* 2009). Por otro lado, se realizó un ajuste lineal con el modelo de pseudo segundo orden para los datos experimentales de la cinética de biosorción de zinc al utilizar 1 y 5 g de sedimento, los cuales se muestran en la Figuras 13a y 13b. El ajuste al modelo para 1 g se hizo desde el tiempo de 6 hasta 72 horas, mientras que para 5 g el mejor ajuste se obtuvo desde las 6 hasta las 48 horas.

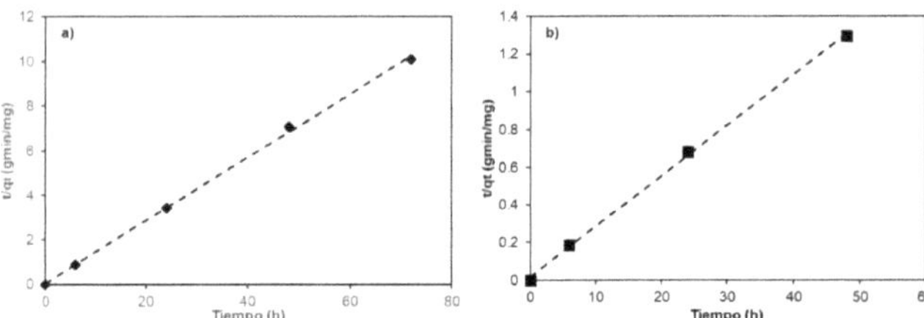

Figura 13. Ajuste lineal al modelo de pseudo segundo orden para la a) cinética de biosorción de zinc 1 g, b) cinética de biosorción de zinc 5 g

En la Tabla 7 se muestran los parámetros obtenidos a partir del modelo de pseudo segundo orden, se puede observar que para los ajustes lineales de los datos experimentales se obtuvieron correlaciones mayores a 0.99. Las capacidades de biosorción calculadas a partir del modelo cinético son muy cercanas a las capacidades de biosorción determinadas experimentalmente. Los valores obtenidos de la constante de velocidad nos indican, que, aunque hubo una variación en la cantidad de sedimento al hacer el análisis experimental, las velocidades de captación de zinc por biomasa de *Sc,* se encuentran dentro del mismo orden. Como se observó en la Figura 12, a partir de las 6 hasta aproximadamente las 72 horas se presentó el equilibrio en el sistema. En un estudio en donde se utilizó *Kappaphycus sp.* como biosorbente, se obtuvo un comportamiento similar para la biosorción de Zn^{+2} de soluciones acuosas, en donde el mejor ajuste se dio para el modelo de pseudo segundo orden; en este estudio mencionan que la cinética de adsorción del metal ocurre en dos pasos: una velocidad de captación inicial rápida, seguida de una velocidad de captación más lenta que conduce hasta el estado de equilibrio. Este fenómeno respalda que la difusión es el paso limitante en el proceso de biosorción (Rahman y Sathasivam, 2015); mientras que otros estudios mencionan que la quimisorción, la cual involucra fuerzas de valencia mediante el intercambio de electrones entre sorbente y sorbato es el paso limitante en el proceso de biosorción (Febrianto *et al.,* 2009, Yong-Qian Fu, 2012).

Tabla 7. Parámetros del modelo cinético para la biosorción de zinc

Metal	Sedimento (g)	q_e exp (mg/g)	q_e calc (mg/g)	k_2 (g/mgmin)	R^2
			Pseudo-segundo-orden		
Zn	1	7.1336	7.0658	0.0442	0.9995
	5	34.2661	34.9544	0.0171	0.9995

4.3.2 Capacidad de biosorción de Mn y Zn en base al modelo de Langmuir.

En la Tabla 8 se muestran los parámetros obtenidos a partir de las cuatro formas de la isoterma de Langmuir, calculados a partir de un ajuste lineal de los datos obtenidos experimentalmente para la biosorción de manganeso. Se puede observar que, para Langmuir tipo I, II y III se obtuvieron valores de capacidad de biosorción máxima negativos, a los cuales no se les puede atribuir ningún significado físico (Penedo *et al.*, 2015). Para Langmuir tipo IV se puede observar que se obtuvo un buen ajuste de los datos experimentales (R^2=0.9429), sin embargo, al hacer la comparación entre los datos de capacidad de biosorción obtenidos experimentalmente, en comparación con los datos teóricos calculados a partir de la ecuación de la isoterma de Langmuir Ec. (3), no muestran ningún acercamiento entre ambos (Tabla 9).

Tabla 8. Parámetros del modelo de la isoterma de Langmuir para la biosorción de manganeso calculados a partir del ajuste lineal de los datos experimentales

Tipo de modelo de isoterma	q_m (mg/g)	K_L (L/mg)	R^2
Langmuir I	-3.0992	2.1115	0.2998
Langmuir II	-7.2058	-0.2255	0.8721
Langmuir III	-2.9981	0.1659	0.9429
Langmuir IV	3.7186	0.1504	0.9429

Tabla 9. Comparación entre datos de capacidad de biosorción experimentales (Langmuir IV) y teóricos para manganeso

Ce (mg/L)	q_e (mg/g) Experimental	q_e (mg/g) Teórica
1.1	0.7802	0.5461
3.125	1.1612	1.2213
3.5625	9.3948	1.3310
4.4625	8.8177	1.5290
5.825	24.3557	1.7733

En la Tabla 10 se muestran los parámetros q_m y K_L calculados a partir de las cuatro formas lineales del modelo de la isoterma de Langmuir (Tabla 1) a partir de los datos experimentales de zinc. Un factor importante en el análisis del biosorbente es el gradiente inicial de la isoterma de adsorción. En la ecuación de Langmuir Ec. (3), este gradiente inicial corresponde a la constante de afinidad, K_L. Un alto valor de esta constante de afinidad favorece el proceso (Guzmán *et al.*, 2015). Se observa que la adsorción de zinc al utilizar biomasa de *Saccharomyces cerevisiae* puede ser representada por el modelo de Langmuir tipo II, ya que a partir del ajuste lineal de los datos experimentales se obtuvo el coeficiente de correlación (R^2) más alto (Fig 14). En base a dicho coeficiente, la capacidad de adsorción máxima de la levadura para este modelo fue de 70.79 mg metal/g biomasa. En un estudio se evaluó la biosorción de Zn^{+2} de soluciones acuosas utilizando *P. aeruginosa* y *B. cereus* como biosorbentes; se obtuvo una capacidad de biosorción máxima de 83.33 (R^2=0.978) y 66.66 (R^2=0.981) mg Zn^{+2}/g de biomasa, respectivamente (Joo *et al.*, 2010). La hipótesis sobre el modelo de Langmuir menciona que la captación ocurre sobre una superficie homogénea llevándose a cabo una sorción en monocapa, en la cual no existen interacciones entre adsorbente-adsorbato (Ghaedi *et al.*, 2010).

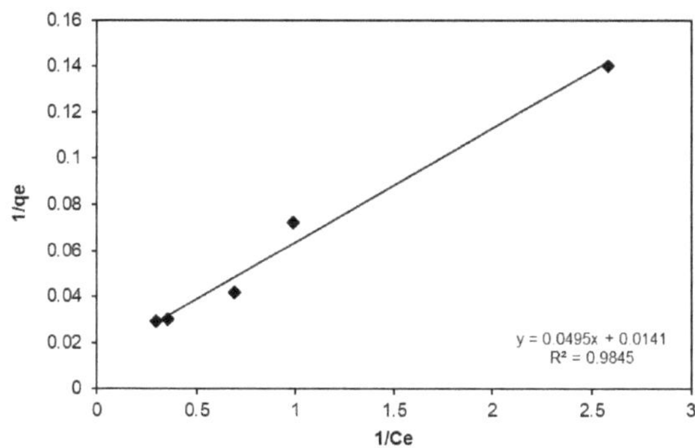

Figura 14. Ajuste lineal de los datos experimentales de biosorción de zinc

Tabla 10. Parámetros del modelo de la isoterma de Langmuir para la biosorción de zinc calculados a partir del ajuste lineal de los datos experimentales

Tipo de modelo de isoterma	q_m (mg/g)	K_L (L/mg)	R^2
Langmuir I	75.6927	0.2621	0.8595
Langmuir II	70.7945	0.2854	0.9844
Langmuir III	62.5458	0.3518	0.6536
Langmuir IV	83.7965	0.2299	0.6536

En la Figura 15 se muestran las gráficas obtenidas a partir de los cuatro modelos de la isoterma de adsorción de Langmuir para los datos experimentales de zinc, reportados en la Tabla 1. En la Figura 15a, 15b, 15c y 15d se puede observar que la capacidad de adsorción de la biomasa (q_e) aumenta al aumentar la concentración en el equilibrio (C_e), sin llegar a la estabilidad, por lo que se puede plantear que la levadura no alcanza la saturación de sus sitios de sorción con los iones metálicos adsorbidos, los cuales se encuentran disponibles en la solución (Penedo *et al.*, 2015).

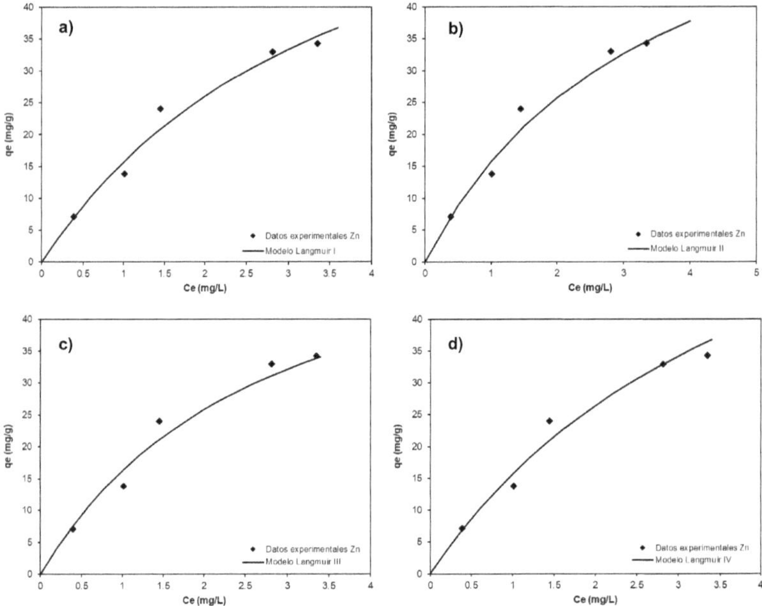

Figura 15. Modelos de isotermas de adsorción de Langmuir para datos experimentales de Zn a) Modelo Langmuir I, b) Modelo Langmuir II, c) Modelo Langmuir III, d) Modelo Langmuir IV

4.3.3 Capacidad de biosorción de Mn y Zn en base al modelo de Freundlich

En la Tabla 11 se muestran los parámetros K_F y n obtenidos a partir de un ajuste lineal Ec. (9) de los datos experimentales (Fig 16 y 18). En esta tabla se muestran los coeficientes de correlación calculados para manganeso y zinc, en donde se puede observar que el mejor ajuste se obtuvo a partir de los datos experimentales de zinc (R^2 = 0.9850). Los valores obtenidos de K_F a partir del ajuste lineal para este estudio fueron 0.45 L/g y 14.97 L/g para manganeso y zinc respectivamente; se puede observar que la biomasa de *Sc* tuvo mayor afinidad por los iones de Zn; este parámetro en el modelo de Freundlich nos indica la afinidad o capacidad de adsorción del biosorbente por los iones metálicos (Sánchez *et al.*, 2008). En los resultados obtenidos, los valores de n indicaron una biosorción favorable para zinc, mientras que para manganeso se obtuvo una biosorción desfavorable. En un estudio realizado se menciona que, para tener una adsorción favorable, el valor de la constante n tiende a valores entre 1 y 10; también menciona que valores grandes de n implican una interacción más fuerte entre el adsorbente y los iones metálicos. Por lo que, si se comparan los valores de n obtenidos para manganeso y zinc, se observa que hay una interacción más fuerte entre los iones de zinc con el biosorbente (*Sc*) en comparación con los iones de manganeso (Febrianto *et al.*, 2009).

Tabla 11. Parámetros del modelo de la isoterma de Freundlich para la biosorción de Mn y Zn calculados a partir del ajuste lineal de los datos experimentales

Modelo de Freundlich	K_F (L/g)	n	R^2
Mn	0.4560	0.5038	0.8541
Zn	14.9715	1.3243	0.9850

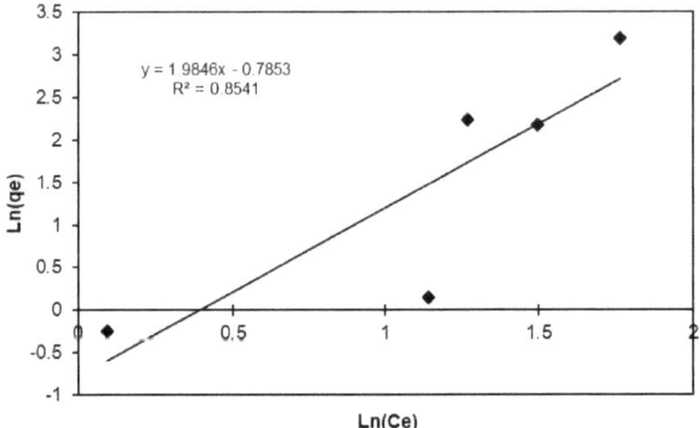

Figura 16. Ajuste lineal de los datos experimentales de manganeso

En la Figura 17 se muestra la isoterma de adsorción de Freundlich para manganeso, en la cual se observa la capacidad de adsorción de iones metálicos de manganeso (q_e) adsorbidos a biomasa de *Saccharomyces cerevisiae*, contra la concentración de iones metálicos en el equilibrio (C_e). Para el análisis de los datos experimentales se observa que éstos tienen un comportamiento convexo al igual que el modelo de Freundlich; por lo que nos indica que no es una isoterma favorable para este sistema. Un valor de n menor que uno sugiere la presencia de una isoterma convexa, a veces denominada isoterma de tipo afinidad por solvente. Dentro de este tipo de isoterma, la energía de sorción del biosorbente aumenta al aumentar la concentración de la superficie. En este caso, se produce una fuerte adsorción del solvente como resultado de una fuerte atracción intermolecular dentro de las capas adsorbentes (Febrianto *et al.*, 2009). Por otro lado, se estudió la biosorción de Mn^{+2} de soluciones acuosas sintéticas con *G. thermantarcticus* y *A. amylolyticus* como biosorbentes. Los parámetros n y K_F obtenidos para el modelo de Freundlich fueron 3.19 y 1.83 para *G. thermantarcticus* y 2.40 y 2.70 para *A. amylolyticus,* respectivamente, por lo que para ambos sistemas se obtuvo una isoterma favorable (Özdemir *et al.*, 2013).

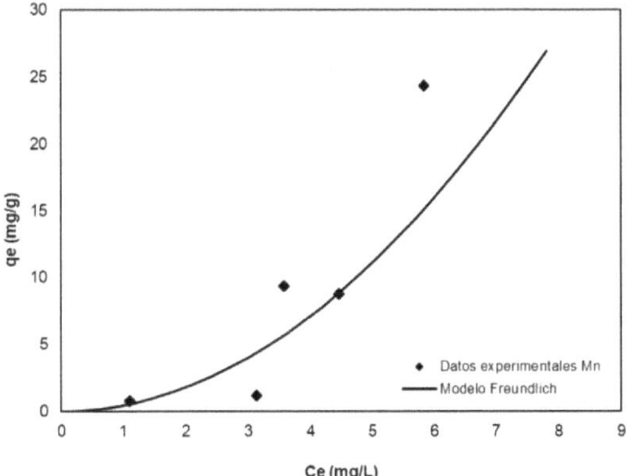

Figura 17. Isoterma de adsorción de Freundlich para manganeso

En la Figura 19 se muestra la isoterma de adsorción de Freundlich para zinc, en la cual se observa la capacidad de adsorción de iones metálicos de zinc (q_e) adsorbidos a biomasa de *Saccharomyces cerevisiae*, contra la concentración de iones metálicos en el equilibrio (C_e). Al comparar los datos experimentales con el comportamiento del modelo de Freundlich se observa una tendencia cóncava para ambos. (Febrianto *et al.*, 2009) menciona que este tipo de comportamiento nos indica que es una isoterma favorable para el sistema estudiado (n = 1.3243), puesto que n>1. En un estudio realizado por (Joo *et al.*, 2010), la magnitud de K_F y n muestran una mayor absorción de Zn (II) al utilizar *P. aeruginosa ASU 6a* como biosorbente, comparado con *B. cereus AUMC B52*. Los altos valores de K_F y n fueron 8.23 y 2.38 para *P. aeruginosa ASU 6a* y 7.19 y 2.14 para *B. cereus AUMC B52*, respectivamente. Los valores de n obtenidos para este estudio indican que los iones de Zn (II) tienen una adsorción favorable por las células liofilizadas de *P. aeruginosa ASU 6a* y *B. cereus AUMC B52*, ya que n resultó ser mayor a 1 al utilizar ambos biosorbentes. Los valores de n>1 sugieren heterogeneidad en la superficie de la biomasa y que los iones metálicos son adsorbidos de manera intensa y favorable por la biomasa (Rahman y Sathasivam, 2015).

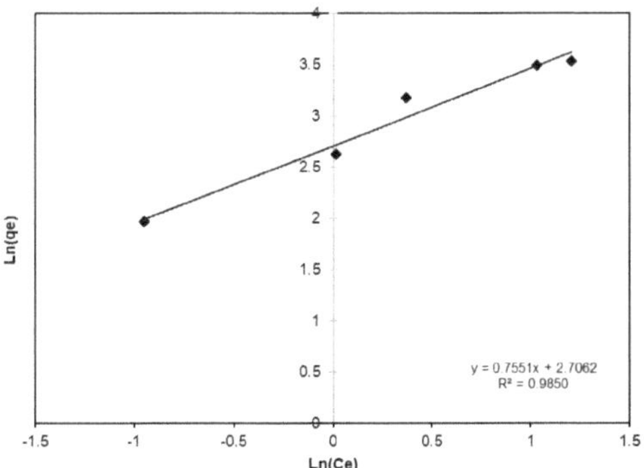

Figura 18. Ajuste lineal de los datos experimentales de zinc

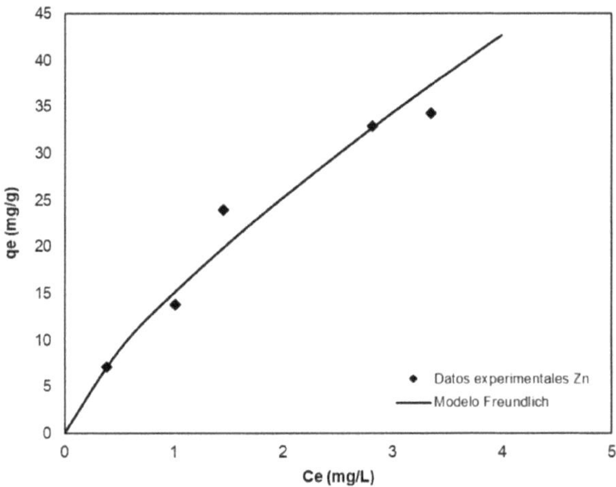

Figura 19. Isoterma de adsorción de Freundlich para zinc

En la Figura 20 se muestra el comportamiento de los datos experimentales de zinc en comparación con los modelos de adsorción de Freundlich y Langmuir II. Se observa que los datos experimentales tienen un ajuste favorable para ambos modelos al analizar los valores de los coeficientes de correlación obtenidos, así como el valor de n para la isoterma de Freundlich (n>1), ya que nos indica que para este sistema se tiene una isoterma favorable (Tabla 12). En un estudio realizado por (Joo *et al.*, 2010) se obtuvieron coeficientes de correlación mayores a 0.97 para el estudio de la biosorción de Zn (II). Los altos valores de los coeficientes de correlación muestran que ambos modelos, Langmuir y Freundlich, describen la biosorción de equilibrio de Zn (II) por células liofilizadas de *P. aeruginosa* y *B. cereus* en el rango de concentración estudiado. Generalmente, esto indica que la capacidad de biosorción incrementa con el incremento de la concentración inicial de Zn (II). Las características de biosorción indican que la superficie de saturación es dependiente de las concentraciones iniciales de los iones metálicos. A bajas concentraciones los sitios de adsorción adsorben el metal disponible rápidamente. Sin embargo, a concentraciones más altas, los metales deben difundirse en la superficie de la biomasa por difusión intraparticular y los iones altamente hidrolizados se difundirán a una velocidad menor. La aplicabilidad de las isotermas de Langmuir y Freundlich a la biosorción de iones metálicos indica que tanto la adsorción en monocapa como la distribución heterogénea energética de los sitios activos en la superficie del adsorbente existen en las condiciones experimentales empleadas (Özdemir *et al.*, 2013).

Tabla 12. Comparación entre los parámetros de Langmuir II y Freundlich obtenidos a partir de los datos experimentales de zinc

Langmuir II			Freundlich		
q_{max} (mg/g)	b (L/mg)	R^2	K_F (L/g)	n	R^2
70.79	0.2854	0.9844	14.9715	1.3243	0.9850

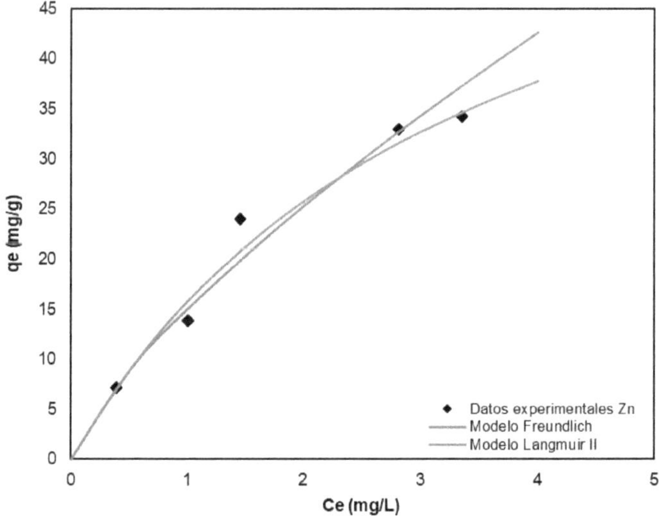

Figura 20. Comparación entre el modelo de Freundlich y modelo de Langmuir II para los datos experimentales de zinc

4.4 Remoción de Mn y Zn de los Sedimentos Utilizando *Sc* en Sistema Semicontinuo en un Reactor de Flujo Ascendente

En la Tabla 13 se muestra la concentración de manganeso y zinc después del proceso de biosorción (C_f), en donde se muestran remociones por abajo del 35% para ambos metales. Para el caso del manganeso (Fig. 21a), se obtuvo una mayor remoción al utilizar biomasa, en comparación con la columna blanco, 34.05% y 27.17%, respectivamente. La remoción de zinc de los sedimentos al utilizar *Sc* como biosorbente fue de 14.01% para la columna con biomasa y 16.22% para la columna blanco, por lo cual se obtuvo una mayor remoción al no utilizar biomasa de *Sc* (Fig 21b). En un estudio en donde se utilizó *Saccharomyces cerevisiae* para la remediación de un suelo contaminado con metales pesados (suelo sintético a diferentes concentraciones de Pb^{+2} y Cd^{+2}) se obtuvieron porcentajes de remoción de del 67-82% para Pb^{+2} y del 73-79% para Cd^{+2}

(Damodaran, 2011). *Alcaligenes eutrophus* CH34 fue utilizada en un estudio para la remediación de un suelo contaminado con algunos metales pesados. La concentración de Zn se redujo de 1,070 mg/kg a 172 mg/kg, aproximadamente el 84%, mientras que para Cd se obtuvo una remoción del 85%. La concentración de plomo en el suelo disminuyó de 459 mg/kg a 74 mg/kg (Hill, 2017). Los bajos porcentajes de remoción obtenidos en el presente estudio pueden ser atribuidos a una inactivación de la biomasa debido a la presencia de los iones metálicos en el sedimento (Beltrán-Pineda y Gómez-Rodríguez, 2016).

Tabla 13. Porcentajes de remoción de manganeso y zinc a las 24 horas

	Manganeso		Zinc	
	C_f (ug/g)	%E	C_f (ug/g)	%E
Columna con biomasa	211.025	34.0546875	381.66875	14.0192048
Columna blanco	233.0375	27.1757813	371.8625	16.2283172

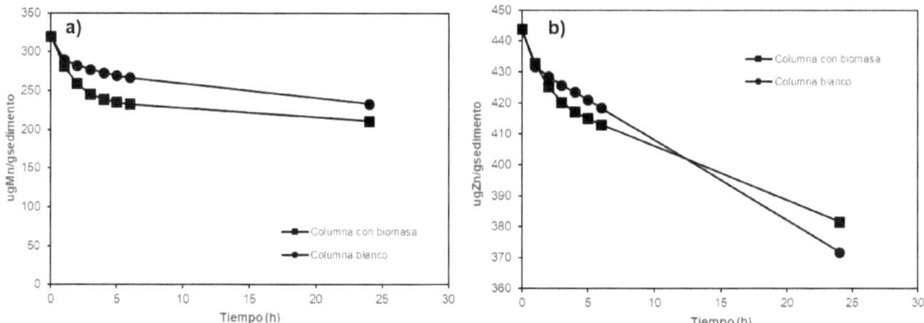

Figura 21. Remoción de a) manganeso y b) zinc de los sedimentos en sistema en semicontinuo

En la Figura 22 se muestra el diseño experimental con el cual se trabajó para determinar la remoción de manganeso y zinc en sistema semicontinuo.

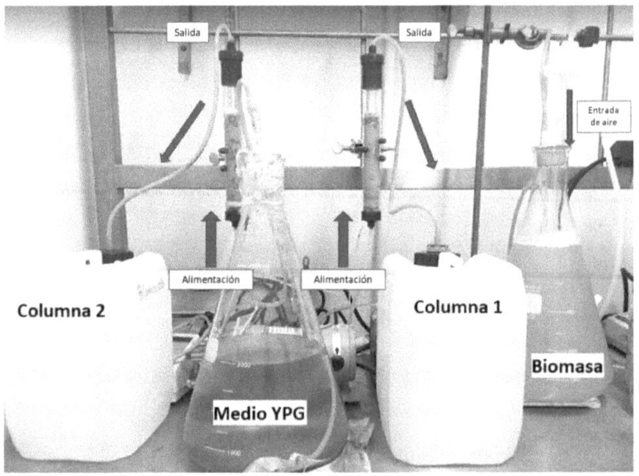

Figura 22. Diseño experimental del sistema semicontinuo para la remoción de manganeso y zinc de los sedimentos

4.5 Caracterización del sistema biomasa-metal-sedimento por microscopia electrónica de barrido (MEB) del Sistema en Semicontinuo

En la Figura 23 y Figura 24 se muestran las fotomicrografías del sedimento antes y después del proceso de biosorción, respectivamente. En la Figura 23 se observa una morfología más definida, la cual puede ser atribuida a minerales presentes en la muestra de sedimento. Se puede observar en las fotomicrografías del sedimento tratado (Fig. 24) la presencia de microorganismos, debido a que se observan estructuras diferentes a las del sedimento sin tratar (Fig. 23), por otro lado, también se observa un recubrimiento sobre el sedimento; aunque éste no tiene una forma definida se le puede atribuir a la presencia de diversos microorganismos.

Figura 23. Fotomicrografía del sedimento antes del proceso de biosorción a 10,000x

Figura 24. Fotomicrografía del sedimento después del proceso de biosorción a 10,000x

4.5 Diversidad Microbiana Existente en los Sedimentos Contaminados con Mn y Zn Después del Proceso de Remediación por Medio de Técnicas Moleculares.

4.5.1   Extracción de ADN de muestras de sedimentos

Para realizar la extracción de ADN microbiano presente en la muestra de sedimento sin tratar o inicial (3F) y sedimento tratado o final (4F) se realizaron variaciones al protocolo de pretratamiento de la muestra para hacer eficiente la técnica de extracción de ADN, así como también se hicieron algunas modificaciones a la técnica de extracción de ADN con el Kit Comercial y a la técnica de sílice, todas estas variaciones se realizaron debido a la complejidad y a la naturaleza de las muestras. En total se realizaron 7 pruebas, cuyos resultados se muestran en la Tabla 14. Dichas pruebas fueron realizadas con variaciones en el pretratamiento de la muestra, número de lavados con SDS o TEN, concentración de la solución de lavado (SDS o TEN al 1, 2, 10 y 20 %), tiempo de digestión, cantidad de muestra y tiempo de incubación. La extracción de ADN se logró en la prueba número 7, ya que se pudieron observar bandas de ADN en el gel de electroforesis (Fig 25). Para lograr el éxito de esta prueba se hizo una incubación de 48 horas a 10 mg de sedimento de las muestras 3F y 4F en 1 mL de caldo nutritivo neutro a 37°C. Las muestras 3F y 4F de la prueba 7 fueron tratadas mediante la técnica de sílice, en la cual se realizaron 4 lavados con buffer TEN. Esta es una técnica robusta que engloba tratamientos físicos y químicos, esta técnica utiliza reactivos como el acetato de potasio, óxido de silicio y lisozima. Dicha técnica se utiliza para muestras difíciles de tratar o con impurezas que dificulten la extracción, como fue el caso de las muestras de sedimento contaminados con iones metálicos (Rojas-Herrera *et al.*, 2008).

Tabla 14. Variaciones en los protocolos de pretratamiento y de extracción de ADN para las muestras de sedimentos

Prueba	1	2	3	4	5	6	7
Tipo de muestra	S	S	S	S	S	S	S
Cantidad de muestra (mg)	10	10	10	40	10	300	10
Incubación	Si	Si	Si	No	Si	Si	Si
Pretratamiento	Si	Si	Si	Si	Si	Si	No
Técnica de extracción	KC	KC	KC	KC	KC	KC	Sílice
Tiempo de digestión previa (min)	N/A	N/A	N/A	60	N/A	45	N/A
Tiempo de digestión según la técnica (min)	30	30	60	60	60	30	60
Lavados	2	4	3	4	4	4	4
Electroforesis	No ADN	No ADN	No ADN	No ADN	No ADN	No ADN	Si ADN

En la Figura 25 se muestran las bandas de ADN, el cual fue extraído al aplicar la técnica de sílice a la muestra de sedimento 3F y 4F. En el primer pozo se inyectó el marcador de alto peso molecular, en el siguiente pozo se inyectó la muestra 3F y en el último pozo la muestra 4F. Se puede observar cómo se tienen bandas tenues, sin embargo, nos indican la presencia de ADN microbiano en los sedimentos. El ADN extraído de estas muestras nos representa los microorganismos cultivables que se encuentran presentes en los sedimentos.

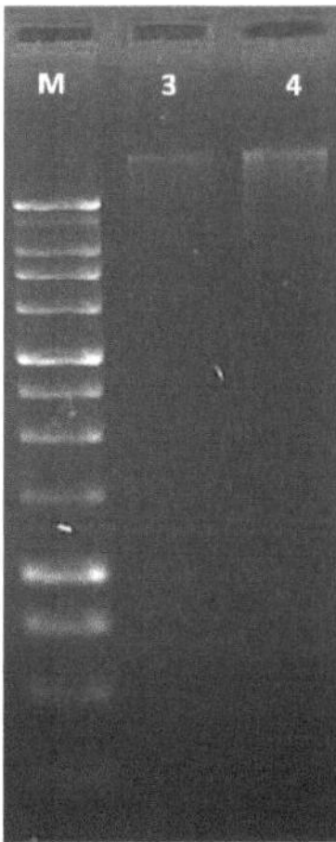

Figura 25. Electroforesis de muestras de sedimentos
procesadas con técnica de sílice

En la Tabla 15 se muestran los resultados obtenidos para la cuantificación de ADN de las muestras de sedimento inicial y final. Según la relación de A260/A280, para ambas muestras se obtuvo una pureza óptima de ADN, con una concentración de 11.7 y 11.5 ng/µL para las muestras 3F y 4F, respectivamente. La relación obtenida de A260/A230 indican la presencia de contaminantes (Velázquez *et al.*, 2016). En este caso, debido a la naturaleza de la muestra, este resultado puede indicar la presencia de iones metálicos.

Tabla 15. Cuantificación de ADN en muestras de sedimentos antes y después del proceso de biosorción

Muestra	Concentración (ng/µL)	A260/A280	A260/A230	A260	A280
3F	11.7	1.81	0.15	0.23	0.13
4F	11.5	1.72	0.15	0.23	0.13

4.5.2 Diversidad microbiana en las muestras de sedimentos

En el estudio de la diversidad microbiana se utilizaron cebadores universales para el análisis de la diversidad de bacterias y hongos. En la Tabla 16 se observa la diversidad de bacterias presentes en las muestras de sedimentos contaminados con iones metálicos. *Bacillus* sp. (71.42 %), *Paenibacillus polymyxa* (14.35 %) y *Lysinibacillus* sp. (12.62 %) son principalmente las especies detectadas en la muestra de sedimento inicial (3F). Es importante notar que *Basillus* sp., es la única especie bacteriana que persistió en la muestra de sedimento inicial (3F) y final (4F), también se puede observar que se tiene mayor abundancia de esta especie al finalizar el proceso de biosorción. Esto puede deberse a que las condiciones experimentales fueron tolerables para aumentar la biomasa de *Bacillus sp.* Aquellos microorganismos que tienen esporas o genes que degradan los metales pesados en el plásmido como *Bacillus* y *Pseudomonas*, a menudo se desempeñan como mejores biosorbentes de metales pesados que otros (Jin *et al.*, 2018). En un estudio se evaluó la resistencia de *Bacillus sp.* a metales como Cr, Pb, Hg, Cd, Zn y Co, la cepa estudiada fue aislada de muestras de suelos. Los resultados obtenidos indican que las poblaciones bacterianas pertenecientes al género *Bacillus sp.*, exhiben una respuesta adaptativa contra múltiples tolerancias de metales pesados (Singh et al., 2013). En otro estudio se evaluaron las características de biosorción de Mn (II) con *Bacillus cereus* como biosorbente, la cual fue aislada de muestras de suelos, en este estudio se menciona que hubo actividad minera en el lugar de donde fueron tomadas las muestras. *B. cereus* mostró ventajas en cuanto a una alta capacidad de captación de metales, eficiencia de remoción satisfactoria y alta tolerancia a metales pesados, por lo tanto, esta cepa puede ser utilizada como un adsobente económico, efectivo para la remoción y recuperación de metales pesados de sitios contaminados (Zhenggang et al., 2019).

Tabla 16. Diversidad de bacterias en las muestras del sedimento 3F y 4F

Fhylum	Clase	Orden	Familia	Género	Especie	3F (%)	4F (%)
Firmicutes	Bacilli	*Bacillales*	*Bacillaceae*	*Bacillus*	*B. cereus*	0.15	0
Firmicutes	Bacilli	*Bacillales*	*Bacillaceae*	*Bacillus*	*Bacillus* sp	71.42	99.99
Firmicutes	Bacilli	*Bacillales*	*Bacillaceae*	*Bacillus*	*B. subtilis*	0.48	0.0
Firmicutes	Bacilli	*Bacillales*	*Bacillaceae*	*Lysinibacillus*	*Lysinibacillus* sp	12.62	0.0
Firmicutes	Bacilli	*Bacillales*	*Paenibacillaceae*	*Paenibacillus*	*P. polymyxa*	14.35	0.0
Firmicutes	Clostridia	*Clostridiales*	*Clostridiaceae*	*Clostridium*	*Cl. intestinale*	0.12	0.0
Firmicutes	Clostridia	*Clostridiales*	*Clostridiaceae*	*Sarcina*	*Sarcina* sp	0.85	0.0
Proteobacteria	Gammaproter	*Enterobacteriales*	*Enterobacteriaceae*	*Escherichia*	*E. coli*	0.01	0.0

En la Tabla 17 se observa la diversidad de hongos presentes en la muestra de sedimentos contaminados con iones metálicos. *Exophiala sp* (54.14 %) y *Rhinocladiella similis* (22.15 %) son principalmente las especies detectadas. En concentraciones menores al 1.02 % se detectaron 16 especies más: *Cladosporium sp., C. cladosporioides, Cl. sphaerospermum, Curvularia lunata, Aspergillus sp., Neosartorya hiratsukae, Talaromyces radicus, Candida parapsilosis, Clavispora lusitaniae, Coniochaeta lignícola, Fusarium oxysporum, Nigrospora sp., Pleurotus djamor, R. Toruloides, Crypt. saitoi, Cryptococcus sp.* Las especies mostradas en esta tabla nos indican las especies cultivables que se encontraban en la muestra de sedimento antes de ser sometida al proceso de biosorción con *Saccharomyces cerevisiae* como biosorbente. En un estudio se evaluó la capacidad de remoción de metales pesados de *Exophiala sp.*, demostrando ser eficiente para metales como Cu, Pb, Cr, Ni y Zn, de donde se obtuvieron porcentajes de remoción mayores al 90% (Lee *et al.*, 2005).

En un estudio en el cual analizaron la diversidad microbiana presente en sedimentos con presencia de Zn, Cu, Cd y Pb especies del *phylum Bacteroidetes, Acidobacteria, Actinobacteria, Chloroflexi, Gemmatimonadetes* y *Betaproteobacteria* (Pacwa-Płociniczak *et al.*, 2018).

Tabla 17. Diversidad de hongos en la muestra del sedimento inicial (3F-MSITS2a).

Fhylum	Clase	Orden	Familia	Género	Especie	(%)
Ascomycota	Dothideomycetes	Capnodiales	Cladosporiaceae	Cladosporium	Cl. cladosporioides	0.94
Ascomycota	Dothideomycetes	Capnodiales	Cladosporiaceae	Cladosporium	Cladosporium sp	1.02
Ascomycota	Dothideomycetes	Capnodiales	Cladosporiaceae	Cladosporium	Cl. sphaerospermum	0.16
Ascomycota	Dothideomycetes	Pleosporales	Pleosporaceae	Curvularia	Curvularia lunata	0.43
Ascomycota	Eurotiomycetes	Chaetothyriales	Herpotrichiellaceae	Exophiala	Exophiala sp	54.14
Ascomycota	Eurotiomycetes	Chaetothyriales	Herpotrichiellaceae	Rhinocladiella	Rhinocladiella similis	22.15
Ascomycota	Eurotiomycetes	Eurotiales	Aspergillaceae	Aspergillus	Aspergillus sp	0.06
Ascomycota	Eurotiomycetes	Eurotiales	Aspergillaceae	Neosartorya	Neosartorya hiratsukae	0.07
Ascomycota	Eurotiomycetes	Eurotiales	Trichocomaceae	Talaromyces	Talaromyces radicus	0.22
Ascomycota	Saccharomycetes	Saccharomycetales	Debaryomycetaceae	Candida	Candida parapsilosis	0.99
Ascomycota	Saccharomycetes	Saccharomycetales	Metschnikowiaceae ;	Clavispora	Clavispora lusitaniae	0.93
Ascomycota	Saccharomycetes	Coniochaetales	Coniochaetaceae	Coniochaeta	Coniochaeta lignicola	0.15
Ascomycota	Sordariomycetes	Hypocreales	Nectriaceae	Fusarium	Fusarium oxysporum	0.24
Ascomycota	Sordariomycetes	Trichosphaeriales	Trichosphaeriaceae	Nigrospora	Nigrospora sp	0.09
Basidiomycota	Agaricomycetes	Agaricales	Pleurotaceae	Pleurotus	Pleurotus djamor	0.03
Basidiomycota	Microbotryomycetes	Sporidiobolales	ANC	Rhodosporidium	R. toruloides	0.04
Basidiomycota	Tremellomycetes	Filobasidiales	Filobasidiaceae	Cryptococcus	Crypt. saitoi	0.10
Basidiomycota	Tremellomycetes	Filobasidiales	Filobasidiaceae	Cryptococcus	Cryptococcus sp	0.51
Basidiomycota	Tremellomycetes	ANC*	ANC	ANC		0.94

ANC = Aún no clasificado

Debido a la dificultad para lograr la extracción de ADN de las muestras de sedimentos con iones metálicos, se recurrió a la técnica de superficie en placa, en la cual se hicieron diluciones en caldo nutritivo (10^{-1} y 10^{-2}) de las muestras de sedimento inicial y final y se sembraron en placas con agar nutritivo, para corroborar la presencia de hongos. En la Figura 26a y Figura 26b se muestra el crecimiento en placa de las muestras 3F y 4F, respectivamente. Se puede observar la presencia de hongos, debido a la morfología macroscópica, lo que nos indica que, a pesar de no haber tenido éxito en 6 de 7 pruebas para la extracción de ADN, con los cultivos en placa se puede verificar que se tenía presencia de células vivas en ambas muestras. También se puede observar que se tiene mayor concentración de levaduras en el sedimento inicial, en comparación con el sedimento final.

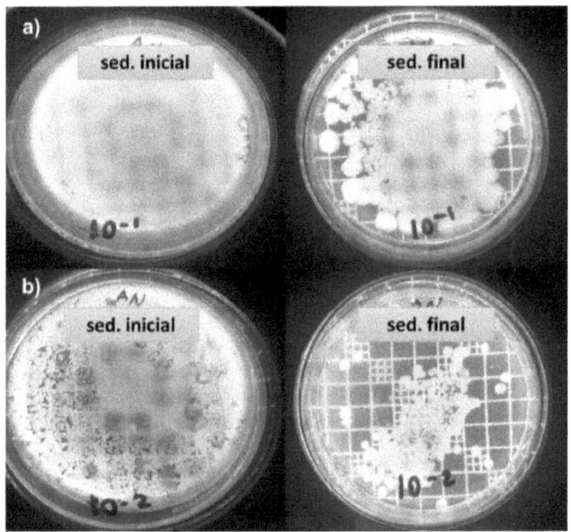

Figura 26. Cultivo en placa de muestras de sedimento a) inicial y final, dilución 10^{-1}, b) inicial y final, dilución 10^{-2}

CAPÍTULO 5

CONCLUSIONES Y RECOMENDACIONES

5.1 Conclusiones

Los resultados obtenidos de la cinética de biosorción de manganeso y zinc con *Saccharomyces cerevisiae* muestran que se obtiene una mayor captación de ambos metales cuando en el sistema se tiene mayor cantidad de sedimento en contacto con biomasa. Por otro lado, para el sistema biomasa-zinc-sedimento, se logró el mejor ajuste para el modelo de pseudo segundo orden, el cual nos indica que el proceso de biosorción se pudo haber llevado a cabo por medio de diferentes mecanismos.

Para los datos experimentales de manganeso el mejor ajuste se obtuvo con el modelo de Freundlich, sin embargo, no fue una isoterma favorable para este sistema. En cambio, para los datos experimentales de zinc, ambos modelos se ajustaron de manera favorable. El modelo de Langmuir se pudo obtener la capacidad de biosorción de la biomasa de *Sc*, mientras que Freundlich nos indicó que para este sistema se obtuvo un proceso de biosorción favorable. Esto pudo ser debido a que se dio una adsorción en monocapa de los iones metálicos en presencia de sitios de sorción heterogéneos presentes en el biosorbente; este comportamiento también se pudo dar debido a que el proceso de biosorción se llevó a cabo por medio de la difusión intraparticular de los iones de zinc a través de la superficie de la biomasa.

En el sistema semicontinuo *Sc* mostró tener una mayor afinidad por los iones de manganeso. Los porcentajes de remoción obtenidos en este sistema pueden deberse a que los iones metálicos causaron un envenenamiento sobre las células de *Sc* y debido a la presencia de la especie *Bacillus sp* en la diversidad microbiana de los sedimentos inicial y final, éste puso causar un efecto antagónico sobre *Sc* por lo que pudo influir sobre su capacidad de captación de Mn y Zn.

Durante este proceso se hizo el análisis de sedimentos reales, por lo que pudo haber interferencias de otros iones metálicos durante el proceso de biosorción.

Los resultados obtenidos por medio de los estudios en MEB indicaron la presencia de microorganismos después de haber llevado a cabo el proceso de biosorción.

En los resultados de caracterización del sedimento por medio de técnicas moleculares se observó que la cepa de *Bacillus sp.* fue el único microorganismo que persistió y aumentó su biomasa después del proceso de biosorción, por lo que esta cepa podría tener potencial para ser utilizada como biosorbente en procesos de remediación de sedimentos contaminados con metales pesados, ya que las condiciones a las cuales se llevó a cabo la remediación del sedimento en sistema en semicontinuo fueron tolerables para este microorganismo.

Aunque la levadura *Saccharomyces cerevisiae* estaba presente en la muestra analizada, esta no fue detectada, las causas pudieron ser varias. Una, pudo ser el método de extracción de ADN utilizado, otra el cebador universal utilizado, ya que éste solo amplifica el gen ribosomal más pequeño (ITS1-5.8S-ITS2) de los hongos en general por lo que no permitió amplificar fragmentos específicos para la levadura *S. cerevisiae.*

En este estudio se pudieron determinar las condiciones para que el sistema biosorbente-especie metálica arrojara resultados que comprueben que el uso de microorganismos autóctonos es una alternativa que contribuye a la mejora del medio ambiente del suelo en este caso; también se pudo contribuir de manera científica sobre técnicas de biología molecular para conocer la diversidad microbiana que predomina en este ambiente antes y después de llevar a cabo el proceso de biosorción.

5.2 Recomendaciones

Hacer cinéticas de toxicidad de manganeso y zinc a *Saccharomyces cerevisiae* para conocer la tolerancia a estos metales.

Hacer pruebas de biosorción con *Saccharomyces cerevisiae* a diferentes condiciones de temperatura y pH para obtener mejores porcentajes de remoción de metales pesados en sedimentos.

Hacer un análisis de extracción secuencial del sedimento para conocer las fracciones disponibles de los metales.

CAPÍTULO 6

BIBLIOGRAFÍA

Agency for Toxic Substances and Disease Registry. 2005. ATSDR - Public Health Statement: Zinc. Toxic Substances Portal.

Barrio Vega, N. 2017. Trabajo de fin de grado: Metales pesados en suelos y sus efectos sobre la salud. Universidad Complutense.

Beltrán-Pineda, M. E., y A. M. Gómez-Rodríguez. 2016. BIORREMEDIACIÓN DE METALES PESADOS CADMIO (Cd), CROMO (Cr) Y MERCURIO (Hg) MECANISMOS BIOQUÍMICOS E INGENIERÍA GENÉTICA: UNA REVISIÓN. Facultad de Ciencias Básicas 12:172–197.

Benderdouche, N., B. Bestani, y M. Hamzaoui. 2018. The use of linear and nonlinear methods for adsorption isotherm optimization of basic green 4-dye onto sawdust-based activated carbon 1. J. Mater. Environ. Sci 9:1110–1118.

Boopathy, R. 2000. Factors limiting bioremediation technologies. Bioresource Technology 74:63–67.

Bravo Gil, N. I. 2016. Implementación de técnicas de secuenciación masiva para el desarrollo de nuevos algoritmos diagnósticos y bioinformáticos en distrofias hereditarias de retina.

Cañizares-Villanueva, R. O. 2000. Biosorción de metales pesados mediante el uso de biomasa microbiana. Revista Latinoamericana de Microbiologia 42:131–143.

Cárdenas, L., A. Sastoque, y M. Peña. 2003. METODOS MOLECULARES EN MUESTRAS AMBIENTALES: UNA ALTERNATIVA PARA ESTABLECER LA RELACION ENTRE LA ESTRUCTURA DE LA COMUNIDAD MICROBIANA Y LA OPERACION DEL SISTEMA Cárdenas, L. P.,* Sastoque, A. M.* y Peña, M. R.**. Métodos Moleculares en Muestras Ambientales:76–83.

Cortez, H., J. Pingarrón, J. A. Muñoz, A. Ballester, M. L. Blázquez, F. González, C. García, y O. Coto. 2010. 7. Bioremediation of soils contaminated with metalliferous mining wastes. Research Signpost 37661:283–299.

Covarrubias, S. A., J. A. García Berumen, y J. J. Peña Cabriales. 2015. Microorganisms role in the bioremediation of contaminated soils with heavy metals. Acta Universitaria 25:40–45.

Damodaran, D. 2011. Bioremediation of soil by removing heavy metals using Saccharomyces cerevisiae. International Proceeding of Chemical, Biological and Environmental Engineering 6:22–27.

EPA, U. S. E. P. A. 2007. Treatment technologies for site cleanup: Annual Status Report. Página 290 Office of Solid Waste and Emergency Response.

Espiniosa-Asuar, L., A. E. Escalante, L. I. Falcón, G. Bonilla-Rosso, S. Ramírez-Barahona, L. E. Eguiarte, y V. Souza. 2014. Hidrobiológica : [revista del Departamento de Hidrobiología]. Hidrobiológica 24:257–270.

Febrianto, J., A. N. Kosasih, J. Sunarso, Y. H. Ju, N. Indraswati, y S. Ismadji. 2009. Equilibrium and kinetic studies in adsorption of heavy metals using biosorbent: A summary of recent studies. Journal of Hazardous Materials 162:616–645.

Galán, E., y A. Romero. 2008. Contaminación de Suelos por metales pesados. Sociedad Española de Mineralogía Review 10:48–60.

Garbisu, C., y I. Alkorta. 2003. Basic concepts on heavy metal soil bioremediation. The European Journal of Mineral Processing and Environmental Protection 3:58–66.

Gavrilescu, M. 2004. Removal of heavy metals from the environment by biosorption. Engineering in Life Sciences 4:219–232.

Ghaedi, M., G. R. Ghezelbash, F. Marahel, S. Ehsanipour, A. Najibi, y M. Soylak. 2010. Equilibrium, Thermodynamic, and Kinetic Studies on Lead (II) Biosorption from Aqueous Solution by Saccharomyces cerevisiae Biomass. Clean - Soil, Air, Water 38:877–885.

Glenn, T. 2011. Field guide to next-generation DNA sequencers. Mol. Ecol. Resour. 11:759–69.

Gómez-Álvarez, A., J. L. Valenzuela-García, S. Aguayo-Salinas, D. Meza-Figueroa, J. Ramírez-Hernández, y G. Ochoa-Ortega. 2007. Chemical partitioning of sediment contamination by heavy metals in the San Pedro River, Sonora, Mexico. Chemical Speciation and Bioavailability 19:25–35.

Goodwin, S., J. McPherson, y W. McCombie. 2016. Coming of age: ten years of next-generation sequencing technologies. Nat. Rev. Genet. 17:333–51.

Guzmán, E., N. A. Borja, G. Villegas, Y. Ojeda, y E. Guzmán. 2015. EQUILIBRIO DE BIOSORCIÓN DE PLOMO (II) Y CARACTERIZACIÓN MEDIANTE FT-IR Y SEM-EDAX EN ALGA Ascophyllum nodosum EQUILIBRIUM OF LEAD (II) BIOSORPTION AND CHARACTERIZATION THROUGH FT-IR AND SEM-EDAX ON Ascophyllum nodosum SEAWEED 81:242–253.

Hamdan, A., A. Díaz, I. Díaz, M. Gutiérrez, y H. Ramírez. 2015. Extraccion y purificacion de adn de suelos mexicanos contaminados con hidrocarburos.:4960.

Hansda, A., V. Kumar, y Anshumali. 2016. A comparative review towards potential of microbial cells for heavy metal removal with emphasis on biosorption and bioaccumulation. World Journal of Microbiology and Biotechnology 32.

Hernández Mata, K. M., O. Monge Amaya, M. T. Certucha Barragán, F. J. Almendariz Tapia, y E. Acedo Félix. 2013. Metallic biosorption using yeasts in continuous systems. International Journal of Photoenergy.

Hierro, F. 2014. Electroforesis de ADN. Herramientas moleculares aplicadas en ecología: aspectos teóricos y prácticos:27–52.

Hill, C. 2017. BIOTRANSFORMATION AND REMOVAL OF HEAVY METALS: A REVIEW OF PHYTOREMEDIATION AND MICROBIAL REMEDIATION ASSESSMENT ON CONTAMINATED SOIL. Environ. Rev.:1–47.

Ho, Y. S., y G. McKay. 1999. The sorption of lead(II) ions on pea. Water Research 33:578–584.

Holben, W. E. 1992. Isolation and purification of bacterial DNA from soil. Appl. Environ. Microbiol. 33:1225–1228.

Illumina. 2011. MiSeq ™ System.

Jimenez, G., y C. Párraga. 2011. Estudio de la movilización de metales pesados:1–51.

Jin, Y., Y. Luan, Y. Ning, y L. Wang. 2018. Effects and Mechanisms of Microbial Remediation of Heavy Metals in Soil: A Critical Review. Applied Sciences 8:1336.

Joo, J. H., S. H. A. Hassan, y S. E. Oh. 2010. Comparative study of biosorption of Zn2+ by Pseudomonas aeruginosa and Bacillus cereus. International Biodeterioration and Biodegradation 64:734–741.

Kumar, D., L. K. Pandey, y J. P. Gaur. 2016. Metal sorption by algal biomass: From batch to continuous system. Algal Research 18:95–109.

Kushwaha, A., N. Hans, S. Kumar, y R. Rani. 2018. A critical review on speciation, mobilization and toxicity of lead in soil-microbe-plant system and bioremediation strategies.

Lander, E., L. Linton, B. Birren, A. McMurray, et al. 2001. Initial sequencing and analysis of the human genome. Nature 409:860–921.

Lee, E. Y., J. S. Lim, S. J. Lee, y K. Kim. 2005. A Study of Environmental factor on the Removal Capacity of Heavy Metals by Exophiala sp . LH2:5–7.

Li, X., Q. Xu, G. Han, W. Zhu, Z. Chen, X. He, y X. Tian. 2009. Equilibrium and kinetic studies of copper (II) removal by three species of dead fungal biomasses. Hazardous Materials: Types, Risks and Control 165:469–474.

Liu, L., Y. Li, S. Li, N. Hu, Y. He, R. Pong, D. Lin, L. Lu, y M. Law. 2012. Comparison of next-generation sequencing systems. J. Biomed. Biotechnol. 25.

Mary Kensa, V. 2011. Bioremediation - An overview. Journal of Industrial Pollution Control 27:161–168.

Mejía, G. 2006. Aproximación teórica a la biosorción de metales pesados por medio de microorganismos. CES Medicina Veterinaria y Zootecnia 1:77–99.

Metzker, M. 2010. Sequencing technologies - the next generation. Nat. Rev. Genet. 11:31–46.

Monge Amaya, O., J. L. Valenzuela García, E. Acedo Félix, M. T. Certucha Barragán, y F. J. Almendariz Tapia. 2008. Biosorción de cobre en sistema por lote y continuo con bacterias aerobias inmovilizadas en zeolita natural (clinoptilolita). Rev. Int. Contam. Ambient 24:107–115.

Moreno-Rivas, S. C., R. I. Armenta-Corral, M. C. Frasquillo-Félix, I. Lagarda-Díaz, L. Vázquez-Moreno, y G. Ramos-Clamont Montfort. 2016. Biosorción de cadmio en solución acuosa utilizando levadura de panadería (Saccharomyces,cerevisiae). Revista Mexicana de Ingeniera Quimica 15:843–857.

Moreno-Rivas, S. C., y G. Ramos-Clamont Montfort. 2018. Descontaminación de arsénico, cadmio y plomo en agua por biosorción con Saccharomyces cerevisiae. TIP Revista Especializada en Ciencias Químico-Biológicas 21:51.

Navarro Aviño, J. P., I. Aguilar Alonso, y J. R. López Moya. 2007. Aspectos bioquímicos y genéticos de la tolerancia y acumulación de metales pesados en plantas. Ecosistemas 2:1–17.

Ondov, B. D., N. H. Bergman, y A. M. Phillippy. 2011. Interactive metagenomic visualization in a Web browser. BMC Bioinformatics 12.

Ortiz, B., J. Sanz, M. Dorado, y S. Villar. 2007. Técnicas de recuperación de suelos contaminados. ... Universidad de Alcalá. Dirección General de ...:109.

Özdemir, S., E. Klnç, A. Poli, y B. Nicolaus. 2013. Biosorption of heavy metals (Cd 2+ , Cu 2+ , Co 2+ , and Mn 2+) by thermophilic bacteria, geobacillus thermantarcticus and anoxybacillus amylolyticus: Equilibrium and kinetic studies. Bioremediation Journal 17:86–96.

Pacwa-Płociniczak, M., T. Płociniczak, D. Yu, J. M. Kurola, A. Sinkkonen, Z. Piotrowska-Seget, y M. Romantschuk. 2018. Effect of Silene vulgaris and Heavy Metal Pollution on Soil Microbial Diversity in Long-Term Contaminated Soil. Water, Air, and Soil Pollution 229.

Park, D., Y. S. Yun, y J. M. Park. 2010. The past, present, and future trends of biosorption. Biotechnology and Bioprocess Engineering 15:86–102.

Penedo, M., E. Manals, F. Vendrell, y D. Salas. 2015. Adsorción de níquel y cobalto sobre carbón activado de cascarón de coco. Tecnología Química 35:110–124.

Price, M. N., P. S. Dehal, y A. P. Arkin. 2010. FastTree 2 - Approximately maximum-likelihood trees for large alignments. PLoS ONE.

Rahman, M. S., y K. V. Sathasivam. 2015. Heavy metal adsorption onto kappaphycus sp. from aqueous solutions: The use of error functions for validation of isotherm and kinetics models. BioMed Research International 2015.

Research Testing Laboratory. 2019. Data Analysis Methodology for Microbial Diversity.

Rojas-Herrera, R., J. Narváez-Zapata, M. Zamudio-Maya, y M. E. Mena-Martínez. 2008. A simple silica-based method for metagenomic DNA extraction from soil and sediments. Molecular Biotechnology 40:13–17.

Sánchez, E. L., M. T. González, V. Cantú, I. C. Sáenz, y A. Montes. 2008. Estudio cinético e isotermas de adsorción de Ni(II) y Zn(II) utilizando biomasa del alga Chlorella sp. inmovilizada XI:168–176.

Sanger, F., S. Nicklen, y A. Coulson. 1977. DNA sequencing with chain-terminating inhibitors. Proc. Natl. Acad. Sci1 74:5463–7.

Santa María, R. (s/f). Blast. http://vis.usal.es/rodrigo/documentos/ bioinfo/temas/4_BLAST.pdf.

Santhy, K., y P. Selvapathy. 2006. Removal of reactive dyes from wastewater by adsorption on coir pith activated carbon. Biore-sour. Technol. 97:1329–1336.

Sellers, K. 1999. Fundamentals of hazardous waste site remediation. Lewis Publishers.

SEMARNAT, S. de M. A. y R. N. 1994. NORMA Oficial Mexicana NOM-127-SSA1-1994, Salud ambiental, agua para uso y consumo humano-Límites permisibles de calidad y tratamientos a que debe someterse el agua para su potabilización. Página Pp.1-7 Última reforma publicada DOF 03-02-1995.

SEMARNAT, S. de M. A. y R. N. 1996. NORMA OFICIAL MEXICANA NOM-001-SEMARNAT- 1996, QUE ESTABLECE LOS LÍMITES MÁXIMOS PERMISIBLES DE CONTAMINANTES EN LAS DESCARGAS DE AGUAS RESIDUALES EN AGUAS Y BIENES NACIONALES. Páginas 15–21 Última reforma publicada DOF 23-04-2003.

Singh, Y., P. W. Ramteke, A. Tripathy, y P. K. Shukla. 2013. Isolation and Characterization of Bacillus resistant to multiple heavy metals. Int.J.Curr.Microbiol.App.Sci 2:525–530.

Sposito, G. 2008. The Chemistry of Soils. Geological Magazine 2:272.

Trelles, O. (s/f). Bioinformática Básica, Tema 3: Introducción a la Bioinformatica. http://ocw.unia.es/ciencias- de-la-vida/bioinformatica-basica/materiales/bloques-2-y- 3/03-IntroBioInfo-1-v2_El dominio de aplica- cion y areas de interes.pdf.

Valladares Ros, F., J. L. Moreno, M. T. Hernández Fernández, y A. Polo. 2002. Metales pesados y sus implicaciones en la calidad del suelo.

Velasco-Trejo, J. A., D. A. de la Rosa-Pérez, G. Solórzano-Ochoa, y T. Volke-Sepúlveda. 2004. Evaluación de tecnologías de remediación para suelos contaminados con metales.:4–6.

Velázquez, A., C. Aragón, A. Romero, y I. Cornejo. 2016. Extracción y purificación de ADN. Herramientas moleculaes aplicadas en ecología:1–26.

Venter, J. C., M. D. Adams, E. W. Myers, X. Zhu, et al. 2001. The Sequence of the Human Genome. Science 291:1304 LP – 1351.

Volesky, B. 1990. Biosorption of Heavy Metals. First Edit. CRC Press, Florida.

Volke-Sepúlveda, T., J. A. Velasco Trejo, y D. A. de la Rosa-Pérez. 2005. Suelos contaminados por metales y metaloides.

Wang, J., y C. Chen. 2006. Biosorption of heavy metals by Saccharomyces cerevisiae: A review. Biotechnology Advances 24:427–451.

Wang, J., y C. Chen. 2009. Biosorbents for heavy metals removal and their future. Biotechnology Advances 27:195–226.

Wuana, R. A., y F. E. Okieimen. 2011. Heavy Metals in Contaminated Soils: A Review of Sources, Chemistry, Risks and Best Available Strategies for Remediation. ISRN Ecology 2011:1–20.

Yong-Qian Fu. 2012. Biosorption of copper (II) from aqueous solution by mycelial pellets of Rhizopus oryzae. AFRICAN JOURNAL OF BIOTECHNOLOGY.

You, S. J., C. L. Hsu, y C. F. Ouyang. 2002. Identification of the microbial diversity of wastewater nutrient removal processes using molecular biotechnology. Biotechnology Letters 24:1361–1366

Zheng, W., y J. Crossgrave. 2004. Manganese toxicity upon overexposure. NMR in Biomedicine 17:544–553.

Zhenggang, X., D. Yi, H. Huimin, W. Liang, Z. Yunlin, y Y. Guiyan. 2019. Biosorption characteristics of Mn (II) by Bacillus cereus strain HM-5 isolated from soil contaminated by manganese ore. Polish Journal of Environmental Studies 28:463–472.

ANEXOS

ANEXO A: Preparación de material para la determinación de metales por absorción atómica en muestras líquidas y muestras sólidas

Todo el material utilizado en las pruebas de análisis de metales, que incluye cristalería y material de plástico se somete a un estricto control de limpieza para eliminar trazas de metales que pudieran interferir en los resultados de lecturas del manganeso y zinc.

Procedimiento:

1. Lavar el material con detergente.
2. Dejar el material en una solución de ácido nítrico 1:100, por un tiempo mínimo de 2 horas.
3. Posteriormente enjuagarlo con agua destilada y luego con agua deionizada.
4. Dejarlo secar.
5. Guardarlo para su uso en un lugar libre de polvo

ANEXO B: Técnica de pretratamiento de la muestra para extracción de ADN microbiano

1. Pesar muestra y adicionar 1 mL de caldo nutritivo.
2. Vortear por 1 minuto para después centrifugar a 5,000 rpm por 8 minutos a 10°C.
3. Desechar sobrenadante y adicionar 200 uL de SDS al 1%, agitar en vortex hasta resuspender completamente el pellet.
4. Desechar sobrenadante y adicionar 200 uL de SDS al 1%. Resuspender completamente el pellet con vortex. Centrifugar a 5,000 rpm por 5 minutos a 10°C, desechar sobrenadante y adicionar al pellet 200 uL de SDS al 1%, resuspender completamente en vortex.

5. Tomar todo el sobrenadante y centrifugar a 5,000 rpm por 5 minutos a 10°C, finalmente desechar el sobrenadante y continuar con la extracción de ADN con el kit comercial.

ANEXO C: Técnica de extracción de ADN con Kit Comercial Invitrogen™ PureLink® Genomic DNA Mini Kit

1. Adicionar 200 uL de buffer de digestión genómico y resuspender el pellet en vortex.
2. Adicionar 20 uL de proteinasa K y agitar suavemente.
3. Incubar a 55°C por 30 minutos, agitar manualmente cada 8 o 10 minutos.
4. Adicionar 20 uL de RNAsa y mover suavemente, incubar por 2 minutos a temperatura ambiente.
5. Adicionar 200 uL de buffer de ligado genómico, mezclar con vortex para obtener una suspensión homogénea.
6. Adicionar etanol al 96% y mezclar en vortex por 5 segundos.

Ligado genómico

7. En la columna de ligado se colocan aproximadamente 640 uL de lisado anterior, tapar la columna y centrifugar a 10,000 rpm por 5 minutos a temperatura ambiente.
8. Descartar el restante del tubo colector y si es necesario centrifugar el resto del lisado con las condiciones anteriores.

Lavado del ADN

9. Adicionar 500 uL de buffer de lavado 1 en el centro del tubo de ligado de ADN, tapar y centrifugar a 10,000 rpm por 1 minuto a temperatura ambiente.

10. Descartar los residuos del tubo colector y adicionar 500 uL de buffer de lavado 2 en el centro del tubo de ligado. Centrifugar a 10,000 rpm por 3 minutos a temperatura ambiente.

Elución del ADN

11. Cambiar la columna a un vial nuevo estéril, adicionar entre 50-100 uL de buffer de elución. Incubar a temperatura ambiente por 1 minuto.
12. Centrifugar a 10,000 rpm por 2 minutos a temperatura ambiente.
13. Desechar columna de ligado y guardar las muestras en congelación para análisis posteriores.

ANEXO D: Técnica de sílice

Reactivos y soluciones:

- Acetato de potasio 5M
- Agua destilada estéril
- Buffer TE (Tris-EDTA)
- Buffer TEN (Tris-EDTA-NaCl)
- Dodecil Sulfato de Sodio (SDS) al 20% (p/v)
- Etanol al 70% (v/v)
- Lisozima (se prepara al momento a 10 mg/mL)
- Oxido de silicio (SiO_2) al 4% (p/v)
- Proteinasa K (solución de 20 mg/mL)
- Solución de RNAsa (2 mg/mL)

Equipos y materiales:

- Balanza analítica
- Baño de calentamiento a 30°C
- Baño de calentamiento a 37°C
- Baño de calentamiento a 65°C
- Baño de calentamiento a 55°C
- Baño de hielo/alcohol
- Cronómetro
- Centrífuga refrigerada
- Microespátula

- Micropipeta de 1000 uL con puntas
- Micropipeta de 200 uL con puntas
- Micropipeta de 10 uL con puntas
- 4 tubos para microcentrífuga de 1.5 mL, por muestra
- Vortex

Metodología:

1. Pesar entre 0.1 a 0.5 g de muestra.
2. Incubar muestra en 1 mL de caldo nutritivo o buffer TE.
3. Centrifugar a 10,000 rpm por 10 minutos a 6°C, después decantar sobrenadante.
4. Agregar 1 mL de buffer TEN, resuspender en vortex y centrifugar a 10,000 rpm por 5 minutos a 6°C, tirar sobrenadante. Repetir tres veces.
5. Agregar 1 mL de buffer STE, resuspender en vortex y centrifugar a 10,000 rpm por 5 minutos a 6°C, tirar sobrenadante.
6. Agregar 1 mL de buffer TEN y después agregar 20 µL de la solución de lisozima (10 mg/mL en buffer TE) e incubar a 37°C por 1 hora, a los 30 minutos de incubación adicionar 10 µL de RNasa (2 mg/mL). Agitar por inversión cada 10 minutos.
7. Transcurrido el tiempo colocar los viales por 10 minutos en un baño de hielo/alcohol y luego incubar 5 minutos en un baño a 65°C. Repetir tres veces el ciclo.
8. Añadir 100 µL de SDS al 20% (p/v) y agitar en vortex por 1 minuto.
9. Incubar 30 minutos a 30°C.
10. Centrifugar 10 minutos a 10,000 rpm a temperatura ambiente.
11. Pasar el sobrenadante a un vial nuevo y añadir 500 µL de acetato de potasio 5M.
12. Incubar 5 minutos a 65°C y 20 minutos en un baño de hielo/alcohol.
13. Centrifugar 30 minutos a 12,000 rpm a 4°C.
14. Pasar el sobrenadante a un nuevo vial y añadir 200 µL de la suspensión de SiO2 al 4% (p/v).
15. Agitar por inversión durante 3 minutos.
16. Centrifugar 2 minutos a 11,000 rpm a temperatura ambiente.
17. Lavar la pastilla dos veces con 1 mL de etanol al 70% (v/v) (No agitar) y centrifugar cada vez 2 minutos a 11,000 rpm a temperatura ambiente.

18. Dejar evaporar el alcohol manteniendo los tubos abiertos por 2 minutos sobre la mesa.

19. Resuspender la pastilla en 65 µL de agua destilada estéril.

20. Incubar 5 minutos a 55°C con agitación ocasional.

21. Centrifugar 5 minutos a 10,000 rpm a temperatura ambiente.

22. Tomar 50 µL de sobrenadante en un tubo nuevo cuidando de no tomar sílice.

23. Guardar los tubos en congelación (-20°C o -80°C), para usos posteriores.

ANEXO E: Técnica de electroforesis de ADN en gel agarosa

Equipos:

- Cámara horizontal de electroforesis con los accesorios correspondientes (molde para hacer el gel, peine, cables para conectar a la fuente de alimentación).
- Fuente de alimentación o de poder.
- Transiluminador (fuente de luz ultravioleta).
- Equipo fotográfico que permita tomar todos del gel.

Materiales:

- Micropipetas
- Puntas para micropipeta
- Tubos tipo eppendorff
- Matraz, probetas y vasos de precipitado para la preparación de soluciones
- Guantes impermeables para el manejo del bromuro de etidio

Reactivos, soluciones y buffers:

- Agarosa
- Solución de teñido de bromuro de etidio (BrEt)
- TAE 1x (Tris-Acetato EDTA)
- Buffer de carga

Metodología:

1. **Preparación del gel de agarosa**

   1.1 Pesar la cantidad de agarosa necesaria para obtener la concentración deseada en función del volumen de gel.

   1.2 Añadir la agarosa al buffer TAE 1x en un matraz.

   1.3 Calentar la mezcla hasta que se observe que toda la agarosa se ha fundido.

   1.4 Dejar enfriar la solución de agarosa hasta una temperatura de unos 50°C. Nota: Si se opta por añadir BrEt al gel debe realizarse en este momento, a una concentración final de 0.5 µg/mL.

   1.5 Mientras la solución de agarosa se enfría, preparar el molde en el que se va a hacer el gel colocándolo en el dispositivo previsto para ello y colocar el peine en la posición deseada.

   1.6 Verter cuidadosamente la solución de agarosa sobre el molde nivelado y dejar que solidifique durante al menos 30 minutos (tapar el molde con papel aluminio o papel traza para evitar que el gel esté en contacto con la luz).

2. **Preparación de las muestras**

   2.1 Mezclar cada muestra de ADN con el buffer de carga en partes iguales.

3. **Carga de las muestras y corrida de gel**

   5.3 Una vez que el gel se ha solidificado retirar el recubrimiento con papel traza o aluminio y colocar el molde con el gel en la cámara de electroforesis.

   5.4 Añadir buffer de electroforesis (TAE 1x) hasta que cubra el gel unos 3-5 mm.

   5.5 Retirar cuidadosamente el peine para que queden libres los pocillos para las muestras.

   5.6 Cargar en los pozos las muestras a analizar.

   5.7 Conectar los cables a la fuente de alimentación y aplicar un voltaje de 20-150 V. El ajuste del voltaje es muy variable dependiendo de la cámara y de los tamaños que se pretenden separa. Nota: Debe tenerse en cuenta que el ADN migra hacia el ánodo, por lo que debe disponerse correctamente la orientación del gel y de los cables.

5.8 Correr el gel hasta que el colorante azul de bromofenol esté a una distancia del borde aproximadamente un 25% de la longitud total del gel. En este momento debe detenerse la electroforesis.

6   Visualización del ADN

6.1 Colocar el gel sobre un transiluminador y encender la lámpara de luz ultravioleta, el ADN se visualizará como bandas de color anaranjado.

6.2 Fotografiar el gel con el sistema fotográfico disponible

I want morebooks!

Buy your books fast and straightforward online - at one of world's fastest growing online book stores! Environmentally sound due to Print-on-Demand technologies.

Buy your books online at
www.morebooks.shop

¡Compre sus libros rápido y directo en internet, en una de las librerías en línea con mayor crecimiento en el mundo! Producción que protege el medio ambiente a través de las tecnologías de impresión bajo demanda.

Compre sus libros online en
www.morebooks.shop

KS OmniScriptum Publishing
Brivibas gatve 197
LV-1039 Riga, Latvia
Telefax: +371 686 204 55

info@omniscriptum.com
www.omniscriptum.com

Printed by Books on Demand GmbH, Norderstedt / Germany